原発再稼働
葬られた過酷事故の教訓

日野行介
Hino Kousuke

a pilot of wisdom

プロローグ

「福島の事故で敦賀はみんな困っているよ。でも、まあこれまでも事故はたびたびあったし、五年ぐらいの我慢かな」

東京電力福島第一原発事故の発生から半年ほど経った二〇一一年夏。いわゆる「原発銀座」の中心、福井県敦賀市を訪れた。駅前で乗り込んだタクシーの男性運転手はエアコンの効いた車内で開口一番そうこぼした。年齢は六〇代半ばといったところだろうか。

事故の影響で国内の全原発が停止し、需要が供給を上回る恐れがあるとして、首都圏では前代未聞の「計画停電」まであった。絶対安全を無邪気に信じていた反省を口にする人もいれば、「それ見たことか」と自分の懐疑が正しかったことに満足する人もいた。そして、最も多かったのは傍観者であり続けた自らを恥じた人ではないだろうか。あのころは原発が全国民の心に重くのしかかっていた。わずか五年で復活するなどとは考えられず、運転手の「予言」は荒唐無稽なはずだった。

だが、この原発銀座の歴史を振り返れば、敦賀原発一号機放射能漏れ事故（一九八一年）、高速増殖炉もんじゅのナトリウム漏れ火災事故（一九九五年）、美浜（みはま）原発三号機蒸気漏れ事故（二〇〇四年）と、深刻な事故やトラブルにたびたび見舞われながら、数年経てば何事もなかったかのように原子力行政が元に戻る経験を繰り返してきた。この敦賀で三年間駐在記者をしていたからか、運転手の予言が深い経験知に基づくものにも聞こえ、「そうでしょうね」とうなずいてしまった。

運転手の予言は的中した。九州電力川内（せんだい）原発一号機が再稼働したのは二〇一五年八月。事故発生から四年五カ月後のことだった。

この間、原発への信頼感を取り戻し、国民の反発を鎮めるような出来事が果たしてあっただろうか。原発が停（と）まったままでも、日本経済に深刻な影響はなく、国民の生活もさほど変わらなかった。多くの国民にとって、「いつの間にか原発が動いていた」というのが正直な感想だろう。つまり国民がみんな傍観者に戻ったのだ。だから原発も元に戻りつつある。

原発の時間軸は人間の一生をはるかに超える長さだ。そして、福島第一原発事故の被害や影響がいかに大きくとも、人間の感情は一時的で長くは続かない。「怒りの半減期」はたった五年ももたなかったのだ。

国はその間、原発復活を正当化する「アリバイ」を着々と構築してきた。福島第一原発について、大津波来襲の知見を持ちながら、漫然と一〇年近くも運転継続を放置した理由を、「規制権限がなかった」という法制度の不備にすり替えた。事故のわずか一年後に原子炉等規制法を改正した。

また産官学の長く深い癒着関係をまるで一掃したかのように、規制当局の看板を「原子力規制委員会」(規制委)に付け替えた。その規制委が新たに策定した新規制基準とは、安全審査でクリアすべき要件を定めたものだ。裏返せば、クリアしていると認められれば再稼働できるということにほかならない。誰も合格しないテストはあり得ないし、意味がない。つまり新規制基準や安全審査とは原発を動かさないことが前提ではなく、再び動かすことが前提なのだ。

さらに原子力災害対策指針(防災指針)を策定し、防災対象範囲を原発三〇キロ圏まで拡大。自治体に避難計画の策定を義務付けた。極端に言えば、原発が再稼働しなければ避難計画を作る必要はないのに、「核燃料がある限りは危険がある」というロジックで、三〇キロ圏外の自治体にまで事故時には避難者を受け入れるよう求めた。これは事実上、再稼働への協力である。再稼働に賛成していないのに、再稼働に伴う負担と犠牲だけを強いられる隷属的な構造は事故前より強固になった。一歩引いて考えると、フクシマの反省と教訓を反映するという大義名分によって、原発という強力な磁場に巻き込まれる範囲が拡大した。

規制委の発足に関わった官僚が漏らした一言は、今も忘れられない。

「日野さん、事故が起きて真っ先に規制委を作ったのは、原発を停められないというのが、この国の意思ということですよ」

この官僚は事故前、原発推進に関与していない。原発推進は政治家や役人たちが原発に依存しているとか、盲信しているといった属人的な問題ではない。あれだけの巨大事故が起きても停められないのは、民意に関係なく進む「国策」だからだ。国策は国民を騙(だま)し、民意に反する施策を押し付け、暴走していく。行き着く先は民主主義の崩壊しかない。

本書は、民意を踏みにじって進められている原発再稼働の真相を暴露する詳細な記録である。

2011年5月27日、福島県大熊町。福島第一原子力発電所事故現場を査察するIAEA（国際原子力機関）の調査団　　写真提供＝TEPCO／アフロ

本書に登場する人物の肩書きはすべて取材当時のものである。

第一部　安全規制編

2019年4月5日、原子力規制委員会。大山火山の大山生竹テフラの噴出規模に係る報告徴収結果に関する会合

第一章　密議の中身

再稼働ありきの原発規制

「原発はね、いくらでもカネをかけたら安全にできますよ。でも、電気を売って稼がないといけないからそうもいかない。だから難しいのです」

旧科学技術庁と文部科学省で長く原子力行政を担当してきた旧知の官僚はフクシマ以後もそう放言していた。あえて「放言」と書いたのは、安全など到底信じられるものではなかったからだ。だが、フクシマ後の原発規制について取材を続けるうち、この発言の趣旨が、安全性のアピールではなく、原発規制の危ういバランスにあるのではないかと思い直すようになった。つまり、原発規制には根本的に解決できないと思われる普遍的な課題があることを彼は教えてくれていたのではないかと。

事故発生から二年後の二〇一三年、自民党の高市早苗政調会長が講演会で「原発事故によって死者が出ている状況ではない。そうすると（原発は）安全性を確保しながら活用していくしかない」と発言し、厳しい批判を浴びた。原発事故の被害を死者数だけで測ることなど許されない。だが、一〇年経った現在だったらこの発言はどう受け止められるだろうか。二〇一五年の九州電力川内原発一号機を手始めに、全国各地の原発が続々と再稼働している。現在でも「看過できない発言」として報道はされるかもしれないが、当時ほど厳しく批判されるとは思えない。

原発事故の被害とは何か、と問われれば即答するのは難しい。それでも、あのような事故を二度と繰り返してはならない――との思いは多くの人が共有している。そのために最も確実な方法は、原発を二度と動かさないことだ。リスクがゼロにはならないかもしれないが、格段に減ることは間違いない。だが、現在のところ、日本はこの道を歩んでいない。

日本が歩んでいるのは、原子力規制委員会による安全審査に「合格」した原発は動かすことができるという、フクシマ以前から続く一本道である。多くの政治家や官僚たちはこれを「安全が確認された原発は動かす」という常套句に言い換えている。

つまり原発規制とは、あくまでも稼働を前提としたものと言えよう。そうすると、この道を歩んだ（国民が合意した道とは認識できないため、あえて「選んだ」とは書かない）うえで、あのような事故を二度と繰り返さないためには、どんな自然災害が襲っても壊れない万全な安全対策を求めるしかないが、国もそこまで要求していないし、そもそも不可能なのだ。

基準不適合とは

原発の設置基準を定めた原子炉等規制法第四三条の三の六は「原子力規制委員会は、前条第一項の許可の申請があつた場合においては、その申請が次の各号のいずれにも適合していると認めるときでなければ、同項の許可をしてはならない」としている。「申請」とは電力会社が規制当局に提出する原子炉の設置（変更）許可申請を指す。つまりは安全審査の申請だ。「適合」とは基準を満たしている状態を指す。この適合条件を示す各号のうち、第四号にはこう書かれている。

発電用原子炉施設の位置、構造及び設備が核燃料物質若しくは核燃料物質によつて汚染された物又は発電用原子炉による災害の防止上支障がないものとして原子力規制委員会規則で定める基準に適合するものであること。

つまり、安全基準をクリアしていると規制委が認めれば、事故を起こさない安全な原発だとみなされることになる。絶対安全を求めているように見えて、実際には、これで安全とする体裁を取っているような書きぶりだ。

ここでいう「基準」とは、いわゆる「新規制基準」を指す。規制委が発足間もない二〇一二年一〇月に設置した三つの検討チームでの議論を経て、九カ月後の翌年七月八日に施行された。新規制基準とは、地震や津波、火山噴火といった自然災害や火災から、テロや航空機衝突といった人災に至るまで、原発の安全を脅かすさまざまなリスクに対して、安全審査において満たすよう電力会社に要求する基準をまとめた規則類の総称である。一言で言えば、「これなら災害の防止上支障がない」と評価するための基準である。テストにたとえると、合格ラインと言える。

ちなみに、安倍晋三(あべしんぞう)首相が二〇一四年一月の施政方針演説で「世界で最も厳しい水準の安全規制」と述べたことが物議を醸した。繰り返すが、誰も合格させないテストはあり得ない。新規制基準の厳しさを強調することで国民の反発を抑え、原発再稼働を正当化する意図だったと思われる。

その後、規制委の田中俊一（しゅんいち）委員長が「絶対安全とは申し上げない」「事故ゼロとも申し上げられない」と、安倍首相の発言を事実上修正。再稼働を誰が決めるのか、誰が責任を取るのかという責任論に議論が及んだ。一方、新規制基準は本当に厳しいのか、フクシマ以前と何が変わったのか、といった技術的、本質的な方向に世間の関心は向かわなかった。

再稼働の是非はさておき、新規制基準の策定、そして規制行政の再構築にあたっては、言うまでもなく、福島第一原発事故の反省と教訓を反映させなければならない。

事故発生の直接的原因は津波による非常用ディーゼル発電機の無力化にある。福島県の太平洋沿岸地域への大津波の来襲は、政府の地震調査研究推進本部が二〇〇二年にその可能性を指摘しており、「いずれ来る」ことは想定されていた。だが東京電力は経営上の理由から、対策工事をするために福島第一、第二原発の運転を停めるのを嫌がり、規制側も東京電力に強く求めなかった——というのが現在の定説である。

そうなると、フクシマで明らかになったような巨大な自然災害のリスクに耐えられなければ再稼働など許されないはずだ。この当たり前の問いに対して、国は二つの「答え」を出した。一つは安全審査において検討対象となるリスクを拡大した新規制基準の策定であり、もう一つはリスクに耐えられない危険な原発は運転を停め、安全対策を取るよう命じる規制権限の強化だった。

本書の第一部・安全規制編では、新規制基準で新たに安全審査の対象となった火山灰対策をめぐり、規制委の幹部たちが秘密裏に話し合った会議を題材に、フクシマ以降生まれ変わったはずの原発規制の実情に迫っていきたい。

火山学者の憤慨

「あれは新知見なんかじゃない。既存の文献の見落としだよ」

いかにも研究者然とした生真面目そうな男性がそう憤った。外見に似合わない投げやりな口調から、正論が通じない役所に対する激しいいら立ちが伝わってきた。

東京・秋葉原から北東に延びるつくばエクスプレスの終点・つくば駅（茨城県つくば市）からバスで三〇分ほどの場所に産業技術総合研究所（産総研）はある。関西電力（関電）の三原発（美浜、高浜、大飯）をめぐる火山灰問題の発端になったのが、この研究所に所属する火山学の研究者、山元孝広氏が投げかけた指摘だった。

訪れたのは二〇一九年二月上旬だった。窓の外にはみぞれがちらついていた。ヒーターは作動しているはずだが、あまり効いておらず、だだっ広い会議室のパイプ椅子に座ると、すぐに足先が痛むほど冷えてきた。

原発の取材を長く続けていると、いわゆる「原子力ムラ」の全体主義的な体質にしばしば直面する。原発推進の研究者や技術者が書く論文は「我が国」の書き出しで始まるものが多い。京都大学原子炉実験所の反原発派の研究者たちは定年まで昇進しなかった——。ムラの全体主義ぶりを表すエピソードは事欠かない。

産総研は原発推進の総本山とも言える経済産業省が所管する国立の研究機関だ。山元氏の経歴を見ると、原発の安全性に関する基礎的な研究を行う独立行政法人「原子力安全基盤機構」（二〇一四年廃止）に出向していた経験もある。地質や火山分野の学者たちは、発電所建設のために集めた豊富なボーリングデータを保有する電力会社には逆らいにくい、と以前に聞いたことがある。なぜ山元氏は原発推進に不都合な事実を指摘できたのだろうか。

私が内心抱いていた疑問を見透かしたかのように、山元氏のほうから「なんで（原子力）規制庁の委託研究なのに規制庁に文句言ったかというと、安全審査の内容があまりにお粗末だったから。基本はそこ。誰もちゃんと理解してくれなくてね」と切り出してきた。

山元氏の後ろに座る広報の若い女性は困り顔だった。山元氏のはっきりとした物言いを聞き、取材の「お目付け役」など意味をなさないと悟ったのかもしれない。

「一〇センチだとか二〇センチとか、みんな数字だけの話だと思っちゃうんだよね。そんなことは問題じゃない。関電の使っているデータがいいかげんで、そんなデータを使ったらダメだということ。審査のあり方が問題なんだ。（関電が）出してきた書類を見ると、いろんな文献のレビューができていなくて、既存の文献の見落としがある」

このころはまだ、取材を始めて間もなく、山元氏が話す専門的な内容をほとんど理解できなかった。とにかく取材を打ち切られないよう、懸命に質問を投げ続けたのを覚えている。

――関電の火山灰想定を「過小評価」と判断した今回の規制委の対応を評価しているのでしょうか？

「いや、全然（していない）……。メンツだけでしょ。一回認めてしまったからやっているだけで。見落としていたからやっているのだろうけど、確定的に否定するなら、大山（鳥取県）の噴火は起きないと立証すればいい。確率評価でやるのなら、もっと大きい噴火の評価を使ってやるべきだ。どこの火山が噴火するとかそういう話じゃなくて、起きるとしてどこでもやっておかないとダメだよ。そもそも関電がいいかげんに出してきたものを規制庁が認めるのがおかしい。今回の再評価にしたって、関電が数字だけでごまかそうとしているのが問題。規制庁も何かしら言わないといけないと思っているのだろうけど、言わないとやらないし」

どうやら怒りの矛先は、火山灰想定を小さく見積もっていた関電に対してより、おざなりなチェックで再稼働を認める安全審査と、それを担う規制委に向けられているようだった。情けないことに、取材の最後まで山元氏の発言内容をほとんど理解できなかったが、「安全審査は形ばかり」「科学ではなくメンツの問題」——という山元氏の指摘が的を射ていると感じたのは、ある会議の録音を聴いていたからだろう。

関電原発の火山灰問題

前述したように、新規制基準では火山噴火のリスクも安全審査の対象に加えている。その具体的な評価方法を記したのが「火山影響評価ガイド」だ。

火山に対する安全審査の流れは「立地評価」と「影響評価」の二段階がある。まずは過去の文献に基づき、第四紀（約二五八万年前から現在まで）に活動した火山を抽出する。立地評価では、文献調査などから噴火規模を推定し、対策が不可能な巨大噴火（いわゆる「破局的噴火」）が原発に到達しないかを評価する。巨大噴火の影響を免れないと判断されれば、その原発は「立地不適」となる。新規制基準に基づく初の再稼働となった九州電力川内原発一号機に関して、二〇一四年、桜島（鹿児島県）姶良カルデラなどの巨大噴火を懸念する意見が火山学者の間から噴き出した。これは立地評価の妥当性をめぐる議論だった。

一方、関電三原発の火山灰問題は、立地評価をクリアした後に行われる影響評価をめぐる議論だった。安全審査に際して、電力会社は原発ごとに検討対象とする火山を特定し、地層の堆積物データなどをもとに原発敷地内に降り得る火山灰の層厚を推計する。そして、対象火山の噴出規模や風向きや風速を仮定したシミュレーションを行い、原発の安全設備が耐えられることを立証する。

関電の三原発は二〇一七年までに安全審査に「合格」した。だが、これに疑義を呈する二つの指摘が規制委に寄せられた。

一つは噴火時における空気中の火山灰濃度だった。過去の観測データが乏しいため、規制委は米国など海外のデータをもとにした推計値によるシミュレーションを認めていた。火山灰の濃度が特に大きく影響するのが、福島第一原発事故の直接原因となった非常用ディーゼル発電機だ。換気空調系統のフィルターに火山灰が入り込み、目詰まりを起こすことが懸念されたのだ。ところが、富士山宝永噴火（一七〇七年）のシミュレーションをもとに「推計値は過小評価ではないか」との指摘が国内の研究機関から上がった。これを受けて、規制委も二〇一七年一一月に濃度シミュレーションの基準を改め、関電など電力会社側はフィルターの増設などの対策を実施した。

もう一つの指摘は、特に関電三原発を対象にしたものだった。関電は安全審査で三原発に降り得る火山灰の最大層厚を「一〇センチ」と想定した。山元氏はこれを「過小評価だ」と指摘した。

関電は過去の文献資料から、大山を評価対象の火山とし、対象期間において最大の噴火規模と考えられる約五・五万年前の大山倉吉（くらよし）テフラ（DKP・噴火規模二〇立方キロメートル）は「特別大きいもので原発運転期間中に発生するとは考えられない」として、検討から除外する一方、約八万年前にあった大山生竹（なまたけ）テフラ（DNP・同五立方キロメートル）は検討対象とし、原発敷地内に積もる火山灰の最大層厚を「一〇センチ」と想定した。

テフラ（tephra）とは、地上に堆積した火山灰や軽石などの火山からの噴出物を指す地学の専門用語だ。堆積層をもとに噴火年代を特定する重要な資料となる。前述したように、規制委は安全審査で関電が提出した想定を認めた。

山元氏は二〇一五年度、原子力規制庁からの委託研究の中で、京都市越畑に残る大山生竹テフラの火山灰層を「三〇センチ」とする過去の文献資料を示したうえで、「大山生竹テフラの噴火規模はもっと大きく、大山倉吉テフラを特別扱いすることはできない」と指摘した。

仮に山元氏の指摘が正しければ、関電が出した最大層厚一〇センチという想定は過小評価で、規制委は過小評価をスルーしたことになる。新生して間もない新規制基準や安全審査の「権威」を揺るがす事態と言えた。

規制委は二〇一七年以降、京都市越畑に残る火山灰層の現地調査や二回にわたる関電との意見交換会（公開）を実施した。関電は「水で流されるなどして再堆積したもので、一体の火山灰層とは考えられない」と主張したが、規制委はこれを退け、二〇一八年一一月二一日の定例会合（公開）で、京都市越畑の火山灰層を「二五センチ」程度としたうえ、大山生竹テフラの噴火規模を一〇立方キロメートル超のＶＥＩ６と評価した。ＶＥＩとは火山の噴火規模を示す尺度で、噴出量に基づきＶＥＩ０からＶＥＩ８までの九段階があり、一つ段階が上がるごとに噴出量は一〇倍となる。前述した「破局的噴火」はVEI7以上を指す。ちなみに、産総研の地質調査総合センターによると、二〇二二年一月一五日にあったフンガ火山（トンガ）の爆発はVEI5ないしはVEI6と推定されている。

定例会合の最後に、更田豊志委員長はこれを「新知見」として、今後の規制対応を検討するよう規制庁（事務方）に指示している。過去の文献にも掲載されている情報を「新知見」としたのは、山元氏が指摘したように、「見落とし」の批判を回避するのが狙いにも見える。

委員長の愚痴で始まった秘密会議

原発の火山灰問題について取材を始めたきっかけは、ある会議の録音が私の元にもたらされたことだった。

問題の会議は二〇一八年一二月六日午前一一時、規制委が入居している東京都港区の六本木ファーストビルの委員長室で始まった。更田豊志委員長と、地質を専門とする石渡明委員のほか、原子力規制庁からは安井正也長官と荻野徹次長、規制全般を担当する原子力規制企画課や、地震・津波審査部門の担当者ら計十数人が出席した。関係者によると、こうした会議は「委員長レク」と呼ばれ、毎週水曜日にある定例会合に先だって行われているという。

こうした会議の存在は外部に一切知らされていない。原子力業界における産官学の不透明な癒着に批判が集まったことから、新たに発足した規制委は「会議の公開」を原則に掲げ、定例会合で衆人環視の下すべての意思決定を行う「建前」になっている。そのため「レク」という体裁を取って秘密裏に会議を行っているのだ。

この日の議題は、翌週一二日に予定されている定例会合で決定する関電の三原発の火山灰問題に対する対応方針だった。

ここからは録音をもとに「秘密会議」の模様を伝えていく。

会議はこの日の議題になっていない、別の問題に関する更田委員長の愚痴で始まった。新規制基準では、熱と煙など異なる種類の火災感知器（報知器）を組み合わせて設置するよう電力会社に求めている。しかし規制庁の担当者が二〇一八年五月、四国電力伊方原発（愛媛県）を視察してみると、熱感知器が設置されていないエリアがあることを発見した。伊方以外の原発もほぼ同様だった。

「余計な話になりますが、火災報知器について、事業者側がこれは要求の引き上げだと主張している。私らは安全性向上じゃない、取り戻し（基準不適合）だと言っていて。水準の引き上げじゃないと言っているんだけど。伊方を見に行ってみたら、等間隔で対象物なんか考慮していないし。私たちは事業者の話を聞いて（基準を）満たしていると思ったから許可を出したわけですが、見てみたらなかった。あれ（火災感知器）よりはこれ（火山灰）のほうがマシだと思っているんだけど、科学だから、後から分かることもあるから。ただし科学で後から分かったことが、不適合状態にあるから取り戻しに行きますと言うと、当然返ってくる声は取り戻すまでは停めておいてくださいと来る。どっちに立てるのか分からなくて」

電力会社側は火災感知器を追加で設置する意向を示す一方、「基準不適合」と評価しないよう規制委に求めていた。基準不適合だから追加設置するはずなのに、追加設置はするから基準不適合と認めないよう求める、というのは世間一般の常識ではまったく理解できない論理だ。「基準不適合」とは既定の基準を満たしていないということであり、「要求（水準）の引き上げ」というのは（規制委が電力会社に）満たすよう求める基準を後から引き上げるということになる。結果として対策が必要になるのは同じとしても、その原因をどちらにするかという問題だった。

ちなみに、規制委は翌週一二日の定例会合で、電力会社側の主張をのんで「基準不適合」ではなく「要求水準の引き上げ」として、追加設置の完了までに五年の猶予を与える方針を表明した。これならば、工事のためにわざわざ運転を停止する必要はなく、定期検査による停止中に工事を済ませることができる。要は電力会社側の主張を認めたのである。

配布資料をもとに、更田委員長がこの日の本題について切り出した。

「僕なんか、これ（プレゼン資料）を見たときに①のほうがすっきりするんだけど、法務上難しいんだろうなというのは私にも分かるので、まず、そちらの見解を聞かないと」と、担当者に見解を尋ねた。

規制企画課の担当者が作成した資料には、関電原発の火山灰問題の対処として、①文書指導案、②報告徴収（再評価）命令案——の二案の手順が併記されていた。①案は原子炉の設置変更許可申請を出すよう関電に行政指導で求めるもので、関電が指導に応じて申請すると安全審査をやり直すことになる。②案は原発敷地内に降り得る火山灰層厚の想定だけをいったん再評価して報告するよう関電に命じるもので、その結果として、関電は自発的に設置変更許可を申請するだろうと見込んでいた。

「命令」なので、一見すると②案のほうが強硬な姿勢に見えるが、結局のところ最終的に安全審査をやり直すのは両案とも変わらない。それでは何が違うのか。

委員長のご下問を受けた法務部門の担当者（検察庁からの出向者）は「（関電が）設置変更許可申請をするということは、災害の防止に支障があるということを外部に示すということになり、ただちに適合させる義務が生じやすい。②のほうはサイト（原発）に影響するか分からないポジションに立つので、②のほうが整合性あるのかなと思います」と答えた。

①案だと設置変更許可申請、つまり安全審査のやり直しを求めることになるので、規制委がその時点で実質的に「基準不適合」と認めることになる。②案ではいったん関電にボールを投げ返して想定をやり直させるため、規制委は「基準不適合」と認めていない体裁を保てるというのだ。どちらにしても最終的には安全審査をやり直すわけだが、②案だと規制委としては「基準不適合」と認めることなく、関電の自発的な判断で安全審査をやり直せることになる。火災感知器の問題と同様に、規制委が「基準不適合」と認めるかどうかが焦点だった。

運転を停めたくない規制委

自らの意図を理解してもらえたと見て、少し得意気に更田委員長が続けた。

「いずれにしても差し止め訴訟を起こされる可能性があるわけだよな。①は新たに分かった事実から言うと、しかも基準って何々に耐えるとか定量的じゃなくて、そこに置かれている自然条件で耐えること。新しい知見でよく考えてみたらそこの自然状態に耐えられないから取り戻せというと、差し止め訴訟なんかだと基準不適合だという論理を生みやすいだろうな。基準をそこのナチュラルハザードに耐えることって書かれちゃっているから無理、難しいんだろうね。変更許可申請を求めるってことは、変更許可に不備があるから直せってことになる」

原子炉等規制法は設置許可の要件を「災害の防止上支障がないものとして原子力規制委員会規則で定める基準に適合するものであること」と定めている。この「規則で定める基準」がいわゆる「新規制基準」である。「災害の防止上支障がある」状態を法律的に表現すると、「新規制基準に適合していない」（基準不適合）ということになる。

規制委が基準不適合と認めてしまうと、運転停止を求める差し止め訴訟を起こされかねないと懸念しているのだ。だが、安全審査の結果、規制委が基準に適合していると認めた原発は再稼働できるのだから、裏返せば、後から基準不適合と分かったのであれば、少なくともその部分の安全審査はやり直さなければいけないし、その間は動かしてはいけないというのが当たり前の論理のはずだ。

ところで、原発の運転差し止め訴訟は民事訴訟であり、被告になるのは電力会社であって規制委ではない。それなのに、差し止め訴訟を起こされるのは規制委にとって望ましくないというのだ。このような発言は公の場では耳にしたことがない。

委員長の意を酌み、安井長官も②案を推した。

「津波の壁だと思えばいい。五メートルの壁があるとして、今まで七メートルだと言っていた。それが、九メートルかもしれない断層が見つかったとする。でも九メートルになっても別に平気ですよね。ただ引き上がることは確かだからちゃんとやれというのが②なんですよ」

後に判明したことだが、②案はそもそも安井長官の指示で発案されたものだった。要は想定リスクが上がっても安全設備は耐えられる（だろう）し、すぐに基準不適合と断じる必要も、停める必要もないと言いたいのだろう。だが、それは安全審査の意義や、権威を自己否定するに等しい。

前述の通り、フクシマの事故は巨大津波が発生する可能性が認識されていたにもかかわらず、東京電力は対策工事を先送りし、規制当局も毅然として対策を求めなかったことで発生した。フクシマの反省を忘れたかのような発言だった。

それでも、安井氏の「後押し」を受け、更田委員長が自らの考えを正当化する持論を展開した。

「新知見が出てきて極端にジャナライズする形になると、今度は新知見が出てこなくなる。隠蔽されるようになる。事業者にとって厳しい話が出てきたときに、『よく持ってきた』って形にしないと絶対に持ってこない。新知見が出てこなくなる」

「ジャナライズ」の意味は判然としないが、おそらく批判や非難という趣旨だと思われる。つまり、今回の件が本当に新知見かどうかはさておき、一般論として新知見が出てきて、規制委が「基準不適合だから停めなければいけない」と判断するようだと、原発反対の世論が盛り上がり、電力会社が「新知見」を隠してしまうから良くないというのだ。本末転倒な論理だ。フクシマの反省と教訓を受けて、規制の権限や体制を強化してきたはずなのに、電力会社の隠蔽を見抜ける技術や知識が規制委にはないのだろうか。

委員長を諫める者は誰もおらず、更田委員長はさらに②案へと傾いていった。

「そうすると②なのかなあ。報告徴収（命令）からスタートする……。報告徴収（命令）出さないでも、②のステップで事業者が報告提出って、報告徴収（命令）必要なのかな……」

確かに規制委はすでに「過小評価」と認定しているのだから、改めて関電に火山灰想定を再評価させる必要などなく、過小評価を前提に新たな想定の設置変更許可申請を出させればいい。

更田委員長が②案の「短所」に気づいたことを察したのか、安井長官がさらに強く②案を推した。

「こっちの良いところはこのぐらいの計算は簡単なんですよ。だから三カ月ぐらいでなんとかやれよと」

すると、更田委員長は「本件の場合、工事を要するとしたときに猶予期間って設けられるの?」と、再び法務担当者に尋ねた。猶予期間というのは、火災感知器のくだりで紹介したように、わざわざ工事のため運転を停めることなく、定期検査で停止中にのみ工事をする前提で、完了までの期限を設けるものだ。運転を停めない前提の質問と受け止められた。

法務担当者が少し驚いた口調で、「事業者(関電)のためにということですか?」と問い返すと、更田委員長はいくぶん言い訳めいた言葉を返した。

「事業者のためにというよりは、何のためでもないけど、層厚を評価し直したら建屋つぶれちゃいますと。これ仮想的な話よ。補強工事を行います、つぶれちゃいますとなった時点で許可に適合しない(基準不適合)状態が生まれちゃう。その状態でも運転は可能か不可能か?」

「つぶれる」という言葉の意味は必ずしも判然としないが、要は基準不適合の状態にあることが明るみに出た後も、運転停止を求めない判断の法的妥当性の有無を尋ねる質問だった。

これに対して、法務担当者が「確実に壊れることが分かっていれば必要な措置を取らないといけないと思いますが、そういう状況はあまり想定していません。基準不適合であれば必要な措置で、あとは程度問題。軽ければ軽い措置で、必ず停止しなければいけないということはない」と答えると、これでもう十分だと思ったのだろう、更田委員長は満足げに結論を下した。

「●●さん（法務担当者）のほうで①が成立しないという見解であれば、なかなか①は取りにくいよな。取りにくくとも、正義として①でいくべきっていうのがあるのだったら（①を採用）なんだけどどね。②は正義にもとるというなら、そんなもん停まろうが何しようが①でいくとなるけど、そういう話でもなさそうだしね。そこで停める、停めないって話になると改善というのはできない話になる」

結論が出たのを受け、論議は翌週の定例会合で発表する命令文の検討に移った。出席者に配られたのは、あらかじめ作られていた②案の命令文（原案）だけだった。この段階ですでに①案が排除されたのは明らかだった。

独自に入手した命令文の原案を見ると、右上に「打合せ後廃棄」「検討用資料」と印字されている。この資料の存在、そして会議の存在を隠す意図がなければ必要のない印字だ。

更田委員長は原案の記載にいくつか注文をつけた。

「『見直される』とかうんぬんとかいう用語は、印象としては限りなく不適合状態を連想させるんですよ」

原案と翌週公表された命令文を見比べると、「前提条件に有意な変更が生じていると考えられる」との記載が、「前提条件に有意な変更が生じる可能性があると考えられる」に変わっていた。基準不適合かどうかは判断をしていない姿勢を強調する狙いだろう。

会議が始まって約五〇分後、更田委員長はこの日の会議を締めくくった。

「はい、×××さん（地震・津波審査担当者）。これで確定ってわけじゃないから。ただし来週これでできるようにしないと」

翌週一二日の定例会合では規制庁から②案の命令文だけが提示された。規制企画課の担当者は「二〇一九年三月末までに関電に再評価を提出するよう命じるもの」と趣旨を説明。その際、「（原発の）稼働については、大山は活火山ではなく、噴火が差し迫った状況にあるものではないので、停止は求めないとしてはどうかということでございます」と付け加えた。

これに対して、更田委員長を含む五人の委員から「異論」は出ず、わずか五分ほどの議論を経て、関電に対して報告徴収（再評価）命令を出す方針が正式決定した。「秘密会議」と、公開の「定例会合」のどちらが実質的な議論の場であるかは明白だった。

バックフィット命令でも運転停止は求めず

二〇一八年一二月下旬、報告徴収（再評価）命令案（②案）の作成過程が分かる文書を同僚記者の名前で情報公開請求した。もちろん秘密会議の配布資料や録音を入手している事実は規制委に伝えていない。

約一カ月後に開示されたのは、定例会合二日前に起案された決裁文と、日付が入っていないだけでほぼ完成形の命令文だけだ。もちろん秘密会議で配布された原案にあった「打合せ後廃棄」や「検討用資料」の印字はない。その他の文書は「廃棄済みで保有していない」として不開示だった。つまり秘密会議の配布資料は開示されなかった。

だが、その後しばらくは本格的な取材に着手しなかった。まだ報告徴収命令を出した段階で、設置変更許可申請から安全審査に進むまでの途中段階だったからだ。秘密の漏えいを察知して、規制委が方針を転換すれば、報道の意義が失われかねない。

そのため二〇一九年前半は、東京・永田町にある国立国会図書館に通い、原発の安全規制について一から勉強を重ねながら、水曜日は東京・六本木の規制委を訪れ、午前中は定例会合を傍聴し、午後は更田委員長の記者会見に出席した。記者会見では後方の席に座り、取材内容を悟られないよう質問は控えた。あくまでも関電原発の火山灰問題の展開をフォローするとともに、定例会合や記者会見の「空気感」をつかむのが目的だった。

二〇一九年三月二九日に動きがあった。関電が三原発の想定層厚を最大で約二倍に引き上げる報告書を規制委に提出したのだ。

一週間後の四月五日、規制委は関電に直接意向を尋ねる公開会合を開いた。規制委側の席には、秘密会議に出席していた石渡委員と、「来週これでできるようにしないと」と委員長から指示を受けた地震・津波審査の担当者が座っていた。

一時間近く報告書に記載された内容の確認を続けた後、担当者がおもむろに切り出した。

「(関電が提出した)層厚の計算結果は、高浜が二一・九センチ、大飯が一九・三センチ、美浜が一三・五センチということで、現在は設計層厚として三発電所とも最大一〇センチということで許可を受けている。この結果を受けて、関西電力さんとしては原子炉設置変更許可申請を行うと考えてよいですか?」

秘密会議で事前に話し合った通り、規制委が「基準不適合」と認めなくて済むよう、自発的に設置変更許可申請を出すよう関電に求めた。だが、関電からは意外な答えが返ってきた。

「この規模の噴火の可能性は十分低いと考えており、再申請する必要はないと考えています」

関電の真意は推測するほかないが、すでに一年間かけてフィルターを変更しており、これ以上の追加投資を嫌ったのかもしれない。もしかしたら、規制委の要求をここで突っぱねても、運転を停められることはないと見切っていたのかもしれない。いずれにせよ、関電は強気に押し返すのが得策だと考えたのだろう。

更田豊志委員長

元号が「平成」から「令和」に変わった二〇

一九年五月二九日の定例会合で、規制委は設置変更許可申請をするよう関電に命じる方針を示した。原子力規制庁の市村知也(いちむらともや)・規制企画課長は「規制委が認定した事実に基づく自然現象に対して安全機能を損なわないということが証明されていないということなので、この条項への不適合が認められる」と述べ、秘密会議から半年近く経ってようやく「基準不適合」の状態にあることを認めたが、それと同時に「大山は活火山ではなく、差し迫った状況にはないのでただちに運転を停止させる必要はない」として、やはり運転停止を求めなかった。

前年一二月の時点で「運転を停める必要はない」と先に言ってしまった以上、関電が強硬姿勢に出てきたからといって、それを理由に方針を変えるのは難しく、「自縄自縛」に陥ったに過ぎない。これは科学や技術の問題ではなく、政治や論理の問題と言えた。

それにもかかわらず、更田委員長は同日午後の記者会見で今回の対応をこう自画自賛した。

「(規制委は)これまで、要求水準を引き上げて、ある期間を設けて、引き上げられた要求水準にフィットしてくれというバックフィットはいくつも進めてきた。それは例えば高エネルギーアーク火災であるとか火災報知器であるとか、期間内にフィットしなければ不適合状態が生まれるというアプローチだったが、今回は要求水準を引き上げたというよりも、新たな知見に基づくと前提が変わり、新たな前提に基づく要求への適合を求めるという状態が生まれた。やはり明確で分かりやすい手法を取るべきだろうということで、設置変更許可が必要だという判断をした。一番分かりやすいのは命令。規制当局が規制を行っていくうえでのアプローチとしては非常に大きな事例だったと思う。バックフィットは福島第一原発事故に対する反省から生まれたもので、地震・津波・火山（噴火）といった自然現象で新しい知見が得られて、その脅威が従来考えられていたものよりも厳しいと認定した場合には、設計に対して変更を要求していくのだというのは、改正された法律（原子炉等規制法）の精神に則ったものだ」

フクシマの反省で生まれたバックフィット命令

関電から「弁明はしない」という回答を受け、規制委は二〇一九年六月一九日、定例会合で関電に対して設置変更許可申請を命じた。実は規制委が発した初めての「バックフィット命令」だったが、不可解なことにその事実をまったくアピールしていない。それどころか、記者会見の中で、更田委員長が「バックフィットはいくつも進めてきた」と話しているように、むしろ初めてのバックフィット命令という事実を伏せているように見えた。ここまで読み進めてきた読者は「いったいどういうことか」と困惑することだろう。後の章で詳しく述べるが、「バックフィット」と「バックフィット命令」の違いが、この不可解な対応の理由を読み解くカギだった。
バックフィット命令の法的根拠である原子炉等規制法第四三条の二三第一項にはこう規定されている。

原子力規制委員会は、発電用原子炉施設の位置、構造若しくは設備が第四十三条の三の六第一項第四号の基準に適合していないと認めるとき、発電用原子炉施設が第四十三条の三の十四の技術上の基準に適合していないと認めるとき、又は発電用原子炉施設の保全、発電用原子炉の運転若しくは核燃料物質若しくは核燃料物質によつて汚染された物の運搬、貯蔵若しくは廃棄に関する措置が前条第一項の規定に基づく原子力規制委員会規則の規定に違反していると認めるときは、その発電用原子炉設置者に対し、当該発電用原子炉施設の使用の停止、改造、修理又は移転、発電用原子炉の運転の方法の指定その他保安のために必要な措置を命ずることができる。

規制委が「基準不適合」と認めた場合には、電力会社に運転停止や修理といった安全対策を命じられるという規定で、この条文は福島第一原発事故発生から約一年後の二〇一二年六月に成立した改正原子炉等規制法で新たに盛り込まれた。

過去の記録を調べてみると、法改正を主導した細野豪志原発事故担当相は二〇一二年一月二四日の定例記者会見で、「バックフィットは（原発の耐用年数とされる）四〇年を待たずともそのときに新たに設けられた規制を適用しなければ原発を稼働できない制度」「バックチェックという新たな規制を設けても、過去の原子炉は継続して動かされてきました。その制度は根本的に改まる」と述べていた。

また経済産業省原子力安全・保安院の山本哲也首席統括安全審査官も改正後の二〇一二年七月二六日の参議院環境委員会で、「現行の法律は基準不適合が判明しても使用停止や許可の取り消しができる規定がない。今回の法改正で、最新の知見に基づく新たな基準への適合を義務付けるバックフィット制度が導入される。新たな制度では使用の停止や設備の改造、場合によっては許可の取り消しもできる」と答弁していた。

阪神・淡路大震災（一九九五年）の影響もあり、原発の安全規制は長らく地震対策が最大の焦点だった。国は二〇〇六年、原発耐震性の再評価を電力会社に求める「耐震バックチェック」に着手した。

前述したように、政府の地震調査研究推進本部は二〇〇二年、福島県沖を含む日本海溝沿いで巨大な津波地震が起きる可能性を指摘した。だが、それから九年間も、東京電力が経営的観点から対策工事を先送りしたまま運転を続けた結果、福島第一原発事故が発生した。規制当局も運転停止を強く求めず、事故を防げなかった。

細野、山本両氏の発言からは、大津波に耐えられない「基準不適合」の状態と認識していても、これまでは運転を停める法的権限がなかったが、今後は新知見が出てきて基準不適合と認められる場合には運転を停められる法的権限を規制当局に与えるというのが、「バックフィット命令」を導入する趣旨だと受け取れた。

条文では、命じられる措置として、「使用の停止（運転停止）」以外にも「改造」「修理」「移転」などが例示されている。だが、フクシマの反省と教訓を反映させた経緯を踏まえれば、バックフィット命令の眼目が「運転停止」にあるのは明白なはずだった。

ところが、規制委が今回、関電に命じたのは設置変更許可の申請であって、「大山が活火山ではない」ことを理由に運転停止は求めていない。条文は運転停止を求める場合の基準までは明記しておらず、規制当局としての裁量に基づいて運転停止を求めなかったことになる。

山元孝広氏が指摘したように、大山の噴火は一〇〇パーセント起きないと科学的に立証されているのであればこの判断も理解できる。だが地震や津波、竜巻や火山噴火などの自然災害の予知は極めて難しい。だからこそ過去の災害履歴をもとに、発生し得る最大のリスクを想定し、それに耐えられるかを安全審査で確認しているのだ。さらに言えば、大山が活火山かどうかは安全審査に直接関係ないはずだ。そんな根拠のない運用が許されるのだろうか。安全審査や安全規制そのものを自己否定しかねないのではないか——そんな疑問を抱いた。

伊方原発訴訟最高裁判決

これまでの許可では安全を保てない恐れがある新たな知見が出てきたときや基準を引き上げたとき、規制当局は既存の施設に追加の対策を義務付けることができるのか。また、その際に使用停止を求められるのか。これは福島第一原発事故が起きる前から、原発に限らず、建築や環境など幅広い分野にまたがる行政法の主要な論点だった。

その答えは、対象となる施設や分野、その役割や被害に応じて異なってくる。例えば、建物の耐震基準を引き上げた場合、基準を満たさない住宅への立ち入りを即座に禁じられるかといえば、現に居住している人の生活を考えると現実的に難しいと言わざるを得ない。また、化学工場の排ガスや排水の放出基準を厳しくしたとして、満たさない施設の稼働を即座に禁止できるかといえば、規制権限の濫用として業者から行政訴訟を起こされるリスクなども踏まえると、これもなかなか難しい。こうした場合は一定の猶予期間を設けて、その間に対策を取るよう求めるのが一般的だろう。

それでは原発はどうだろうか。火山噴火や地震・津波といった自然災害は予測・予知が困難なうえ、チェルノブイリ（チョルノービリ）やフクシマが「カタストロフィ（惨事）」と表現されるように、ひとたび過酷事故（シビアアクシデント）が起きれば、大量の放射性物質が拡散して環境、社会に甚大な損害が生じる。新知見を受けて基準を満たさない（基準不適合）状態になった原発に対して、即座に運転停止を命じたとしても、「やりすぎ」「厳しすぎる」との批判が大勢を占めるとは思えない。

原告側住民の訴えを退けた四国電力伊方原発訴訟の最高裁判決（一九九二年）はこう記している。

> 原子炉設置許可処分の取消訴訟における裁判所の審理、判断は、（中略）被告行政庁の判断に不合理な点があるか否かという観点から行われるべきであって、**現在の科学技術水準に照らし**、右調査審議において用いられた具体的審査基準に不合理な点があり、あるいは（中略）調査審議及び判断の過程に看過し難い過誤、欠落があり、被告行政庁の判断がこれ

に依拠してされたと認められる場合には、被告行政庁の右判断に不合理な点があるものとして、右判断に基づく原子炉設置許可処分は違法と解すべきである。（傍点は筆者による）

つまり規制当局の専門知を一定程度認めたうえで、安全審査に見過ごしがたいほどの誤りがなければ設置許可処分は違法にならないというのが最高裁の結論だが、原発規制や訴訟の関係者が注目したのは結論ではなく、安全かどうかを判断する考え方のほうだった。安全かどうかを判断するのは、「許可当時」ではなく、「現在」の科学技術水準に基づくというのだ。

それならば、想定される自然災害のリスクが、許可当時よりも大きいことが後に判明した場合、それに合わせて追加の安全対策を求めなければならない。そして自然災害はいつ起こるか予知するのは難しい。そうなると、対策工事が終わるまでは運転を停めておくべきというのが、当然の論理になる。

ましてや、大津波来襲の知見がありながら運転を停めて、対策を取らせなかった結果、福島第一原発事故が起きたのだ。基準不適合と認めた場合には「運転を停める」のが原則であり、「運転を停めない」のは例外であるべき、との論理はますます当然に思える。

現状、規制委に対する世間一般の評価はそれほど低いとは言えない。「猶予」として定めた五年間のうちにテロ対策施設の完成が間に合わなかった原発を停止させたことや、日本原子力発電敦賀原発二号機の安全審査で、地質データの書き換えを問題視するなど、電力会社に厳しく対処するイメージを国民に与えている。これに対して、原発推進派のジャーナリストや研究者は、規制委の姿勢を「孤立」と批判しているが、彼らが批判すればするほど、規制委に対する世間一般の評価は高まっていく。

だが、秘密会議の録音が示しているものは、形ばかりの権威を守ろうと汲々(きゅうきゅう)とする「小役人」ぶりだ。日ごろアピールしている厳格な姿勢とはほど遠い。世間一般の評価との乖離(かいり)をどう考えるべきなのか。少しモヤモヤとした感覚を抱いて本格的な取材に着手した。

第二章　規制委がアピールする「透明性」の虚構

秘密会議と透明性

二〇一九年五月下旬、関電に対して設置変更許可申請を命じる規制委の方針が覆らないのを確認し、いよいよ本格的な取材に着手した。まずは半年前に「門前払い」を受けた情報公開請求のやり直しだ。今度は配布資料のタイトル「新知見を設置変更許可申請につなげる手順（案）　議論用メモ」を請求対象の欄に明記し、再び規制委に情報公開請求した。

請求を受けた規制委から見れば、公表していない文書のタイトルが特定されているのだから、すでに入手されているか、少なくとも内容を把握されていると考えるだろう。いったんは「廃棄済み」を理由に不開示にしていることから、今度は判断を覆して開示すれば、意図的な隠蔽を否定する説明が必要になる。一方、再び「廃棄済み」を理由に不開示にすれば、重要な文書を短期間で廃棄した公文書管理のあり方が問われかねない。いずれにしても、規制委にとっては難しい判断になるだろう。

公文書管理法では、省庁における「経緯も含めた意思決定に至る過程」について、軽微な事案を除いて文書を作成するよう義務付けている。さらに、公文書の恣意的な取り扱いが問題になった森友、加計（かけ）の両学園問題などを受けて二〇一七年一二月に改定された「行政文書の管理に関するガイドライン」では、意思決定過程の合理的な跡付けや検証に必要な文書について保存期間を一年以上に定めるよう明記している。

フクシマの反省を受けて導入された「バックフィット命令」の第一例に至った意思決定過程が軽微なはずがない。そもそも、この「委員長レク」と呼ばれる「秘密会議」には、委員長と担当委員のほか規制庁幹部が顔をそろえ、二つあった選択肢のうち一つを排除し、翌週公表する予定の命令文の内容まで検討している。その実態を踏まえれば、この秘密会議は意思決定過程どころか、意思決定の場とさえ言える。

規制委は掲げた看板通り、公文書管理や情報公開のルールを守る高潔な組織なのか。この情報公開請求を通じて真の姿勢を明らかにするよう迫る狙いがあった。

ただ、規制委は正直にすべてを明らかにしないだろう、とも見込んでいた。フクシマの反省と教訓を受けて新たに生まれ変わったことをアピールしている規制委として、表看板である「透明性」を虚構(フィクション)とするような秘密会議について簡単に自白できるはずがない。だが一方で、正直に認めないことは、すなわち公文書管理や情報公開のルールを守っていないということになる。陳腐な表現だが、やはり情報公開請求は役所のモラルを測るリトマス試験紙と言える。

東京電力福島第一原発事故の国会事故調査委員会は、フクシマ以前の電力会社と規制当局との関係性を「規制の虜(とりこ)」と表現した。フクシマ以前、経済産業省の原子力安全・保安院と原子力安全委員会の「ダブルチェック」体制によって安全性をアピールしていた。だが、実際には運転を停めて実施する定期検査の期間は次第に短くなっていき、発電効率や経済性は年を追うごとに上昇した。そして当初三〇年と言われていた原発の寿命もうやむやになった。極めつきは、事故の遠因となった「耐震バックチェック」だ。電力各社が一致団結して抵抗すると、原子力安全・保安院や原子力安全委員会は腰砕けとなり、最初に示した期限を守らせることもできなかった。当事者たちは決して公言しなかったが、規制は二の次で経済性優先というのが原子力行政の一貫したベクトルだった。

前述したように、原発を再稼働するためには規制当局の存在が必要である。裏返せば、再稼働しないのであれば規制当局は不要だ。あのような過酷事故を引き起こした以上、これまでとは違う、生まれ変わった規制当局の姿を示さなければ、国民は再稼働など到底受け入れない。

原子力安全・保安院と原子力安全委員会の両組織は廃止され、二〇一二年九月に環境省の外局として原子力規制委員会が発足した。これは原発推進の経済産業省から規制当局を分離することも含めて、フクシマを引き起こした原因を、規制をめぐる法制度の不備にすり替えたようにも見える。

規制委は発足後すぐに、二つの組織理念を掲げた。それは「独立性」と「透明性」だ。規制委は国家行政組織法第三条に基づく行政委員会だ。委員は五人で衆参両院の同意を得て首相が任命する。電力会社などの原発推進勢力からの独立性を制度的に担保する狙いだ。そして、独立性を保つには意思決定過程をガラス張りにする「透明性」が欠かせない。電力会社に水面下で根回しされて判断を歪(ゆが)めているようでは、フクシマ以前と変わらないからだ。

この「透明性」を明文化するため、規制委は発足と同時に、「原子力規制委員会の業務運営の透明性の確保のための方針」(透明性確保方針)という文書を発表した。事故で失墜した国民の信頼回復を強く意識していることがうかがえる第1章をそのまま紹介したい。

第1章　目的

原子力規制委員会（以下、「委員会」という。）が行う規制業務に関して独立性、中立性を強化するとともに、国民の疑念や不信を招くことのないよう、原子力施設の安全確保の重要性、国民の関心等を踏まえ、被規制者等との関係において委員会の運営の透明性を確保するための方針を定めるものとする。

そして第2章では、透明性確保の具体的方策として「公開議論の徹底」を掲げた。そのくだりは以下の通りだ。

委員会で行われる規制の内容について議論する会議（日程や現状の報告等の事務的な情報共有に関するものは除く。）については、その形式を問わず、原則としてその内容を公開するとともに、被規制者等との間で行われる規制に関連する内容及び手続の議論についても、記録を残し、原則公開する。

また委員三人以上が出席した打ち合わせは、議事要旨や資料を作成・公開するよう定めており、規制委のホームページには、二〇一九年度の打ち合わせとして一一件がアップされていた(https://www.nsr.go.jp/disclosure/meeting_commissioner/index.html)。

ただ、実際に議事要旨を見てみると、あまりに短すぎて、委員一人ひとりの考え方や意見さえ読み取れない。言葉は悪いが、公開の体裁を取るだけのアリバイ的な印象が拭えない。

規制委をめぐってはこれまでにも、看板に掲げる「透明性」に疑念を投げかける指摘が上がっていた。規制委のすべての意思決定は委員五人の合議、しかも週一回二時間ほどの公開の定例会合でなされる「建前」になっている。だが、五人の委員が原子力規制業務のすべてを把握し、規制庁の職員に事細かに指示するのは現実的に難しい。

実際には規制庁の職員が内部で詳細まで検討し、委員に判断を仰ぐという形で業務を進めざるを得ないだろう。規制委と規制庁の「接触面」が定例会合だけのはずはない。別に接触があるとすれば、そこに意思決定過程は存在しないのか。組織の建て付けから生じるグレーな領域がある、と疑われていたのだ。

職員間のメールを情報公開請求

情報公開請求から一カ月後、秘密会議の配布資料が開示された。なぜ、いったん「廃棄済み」を理由に不開示とした資料を一転して開示したのか、規制委は説明責任を果たす必要がある。規制庁の説明は「保存期間1年未満の文書で廃棄していたが、改めて探索したところメールの添付資料として残っていた」というものだった。それ以上の詳しい説明はなく、秘密会議の存在を明らかにすることもなかった。

規制委の不誠実な姿勢を確かめると、すぐに「二の矢」を放った。関係者を通じて「二回目の情報公開請求で規制庁内が混乱している。こんな対応をしてよいのか、と疑問の声も上がっている」との情報を得たため、次は「請求を受けて開示に至るまでに規制庁内で交わされた電子メールを含む検討資料」を規制委に情報公開請求した。

約二カ月後、規制庁内で交わされた約四〇通のメールがPDFファイルの形で開示された。黒塗り（不開示）されていたのは、職員のメールアドレスだけで、ほぼ全面開示と言ってよかった。これらのメールによれば、いったん「廃棄済み」で不開示とした文書を一転開示するまでの経緯は以下の通りだ。

再請求から二日後の二〇一九年五月二六日、問題の配布資料を作成した規制企画課の係長が、「本件ですが、同じ■■■■■（黒塗り、おそらく「毎日新聞特別報道部」）からの開示請求に対して不開示決定をしていたかと思いますので、今回も同様の対応になろうかと思います」と、情報公開の窓口となっている法規部門や地震・津波審査部門の担当者らにメールを送っていた。末尾には「なお、当課には請求に係る文書は存在しません」と付記している。文書を作った本人がわざわざ電子ファイルを廃棄するとは考えにくい。「存在しない」というのは、開示対象を電子ファイルではなくペーパーだけに限定する意図か、あるいはウソをついているかのどちらかだろう。いずれにせよ、いったん廃棄済みを理由に不開示にしたためだろう、今回も開示したくない意図がありありだった。

それから約一カ月後の六月二一日、法規部門の職員が過去に規制企画課の係長から受け取ったメールを添付し、「取り急ぎ添付のメールをご確認ください。既に具体的な文書名を特定した請求が来ているところ、調査には慎重を期する必要があるものと思料致します」と記したメールを、係長だけではなく更田豊志委員長や石渡明委員、安井正也長官ら計二五人に送信している。

添付されていたメールは、二〇一八年一一月三〇日～一二月五日にかけて、係長が関電火山灰問題について、安井長官ら規制庁幹部のほか担当の石渡委員に説明（レク）した結果を関係する職員らに伝えたもので、設置変更許可申請を促す行政指導案（①案）と②案の手順を比較する問題の配布資料が添付されていた。つまり問題の配布資料はメールの添付資料という形で関係職員のPC内に残っていたことになる。

メールに添付された配布資料は秘密会議に提出されたものの前段階のもので、実際に会議で配布されたものとはいくつかの相違点があった。前段階の資料では、②案で関電から再評価の提出を受けた後、基準不適合と認定して設置変更許可申請を命じる手順になっていた。ここからは推測になるが、規制委が最後まで基準不適合を認めなくとも済むよう、関電に自発的な申請を促すシナリオに書き換えたのだろう。

六月二四日、法務部門職員が「行政文書（公文書）」の考え方について、「Nドライブ等に下記に該当する文書を格納しているか、もしくは行政文書ファイルに紙媒体で編てつするなど行政文書としての取扱いを現在もしていれば、本件開示請求の開示対象ということになります」と解説するメールを送った。

Nドライブというのは、部署ごとに設けている電子上の共有フォルダのことだろう。この解説通りだと、共有フォルダで保管しているものか、あるいはペーパーの形で行政文書ファイルに綴じたものだけが開示（公開）対象の「行政文書（公文書）」ということになる。だが、この解説の通りだと、不都合な文書は、共有フォルダに入れず、また行政文書ファイルに綴じなければ、情報公開請求を受けても開示せずに済ませることができてしまう。

情報公開法は開示対象となる「行政文書（公文書）」を以下のように定義づけている。

「行政文書」とは、行政機関の職員が職務上作成し、又は取得した文書、図画及び電磁的記録（電子的方式、磁気的方式その他人の知覚によっては認識することができない方式で作られた記録をいう。以下同じ。）であって、当該行政機関の職員が組織的に用いるものとして、当該行政機関が保有しているものをいう。

（第二条第二項）

公文書管理法の定義もほぼ同じだ。条文を素直に読めば、関係職員間で交わされた電子メールの添付文書は、組織的に共有している公文書になるはずだ。メールの添付文書としてPC内に残っているのを知らなかったとは思えない。一回目の請求に対しては、恣意的な解釈で不開示にした可能性が高い。

Nドライブや行政文書ファイルになければ公文書ではない、という解説は「屁理屈」に過ぎないと考えたのだろう。検察庁から出向している法規部門の参事官が「共有のメールデータとして保存されていた場合には、それにもかかわらず行政文書ではないという整理が従来の当委員会の解釈運用と整合するか等について、検討が必要になるのではないかと思われる」とクギを刺した。この指摘を受け、今度は開示せざるを得ないという流れに変わった。


開示されたメールからは、二〇一八年一二月六日の秘密会議に至るまでの意思決定過程も一部明らかになった。前述したように、問題の資料を作成した規制企画課の係長は当初、設置変更許可申請をするよう関電に行政指導する案（①案）だけを想定して資料を作っていた。ところが一一月三〇日、規制庁の安井長官からの指示を受けて、関電に火山灰層厚の再評価を命じる案（②案）が急きょ浮上した。秘密会議前日の一二月五日には長官、次長、技監ら規制庁幹部が勢ぞろいする「三幹部レク」で了承を受け、①案と②案の手順を併記する配布資料の内容が固まった。

そして、一二月五日午後四時二〇分、規制企画課の係長が関係職員一六人に以下のようなメールを送っている。大事な部分を以下の通り転載する。

みなさま
お世話になっております。先ほどは3幹部レクにご対応いただきましてありがとうございました。
明日、委員長、石渡委員（＋長官、次長）レクを行うということで、次のとおり予定を確保しましたので、お手数ですがご同席をお願いできますでしょうか。
○委員長、石渡委員レク
日時：12／6（木）11：00〜12：00
参加者：委員長、石渡委員、長官、次長、規制企画課、法規部門、法務調査室、耐震部門、基盤G地震研究部門

これでも意思決定過程に無関係と言えるのだろうか。
ところで、担当者間の電子メールからは、部署間のけん制、責任のなすりつけ合い、内部告発者探しの是非——と、内部からの情報流出を受けて混乱する庁内の様子も垣間見えた。

政策決定に関わる情報を独占し、自分たちに好都合な情報だけを公表することで批判の芽を摘んできたエリートたちにとって、外部に漏れるはずがない秘密の文書を特定した情報公開請求はさぞ不気味に映ったことだろう。しかも、最初の情報公開請求には「門前払い」を食らわしているのだから、「罠にはめられた」とも感じたはずだ。だが、先にウソをついたのは自分たちなのだから、表立って非難や反論もしにくい。それどころか、下手にコメントすれば、看板に掲げた「透明性」が虚構であることが表面化しかねない。

秘密会議はブレーンストーミング?

メールの開示を受けて、二〇一九年八月下旬、経緯を説明するよう規制庁に面会取材を申し入れた。

だが規制庁からは「広報室を通じて文書でやりとりする」として面会取材を拒否された。「取材対応は毎週水曜日の午後に開かれている委員長の定例会見に一本化しているため、個別の取材には応じない」というのが拒否の理由だった。「廃棄済み」として不開示にした資料の名前を特定して再請求したら一転開示されたという、不自然極まりない事態にもかかわらず、直接説明さえしないというのだから、規制委の掲げる「透明性」がいかに不実か分かるというものだ。

やむを得ず、規制庁広報室宛にメールで質問状を送った。回答の期限を定め（ほとんど守られることはなかったが）、数日〜一週間程度で回答が来ると、内容を分析して再び質問状を送る、というやりとりを繰り返した。やりとりに長い期間がかかるのは大きな負担だったが、これまでの不誠実な対応ぶりを踏まえると、こちらがつかんでいる以上の事実を規制委が正直に明かすとは考えにくい。結局のところ、こちらがつかんでいる事実を少しずつ突きつけ、一つひとつ言い逃れの道を塞ぎながら追い込んでいくしかない。それなら書面のやりとりでもさして不都合はない。調査報道では取材を尽くさなければ記事を掲載できず、基本的に記事掲載の期限はない。多少の時間がかかっても、相手が反論できないまで取材を尽くすことを優先した。

二〇一九年末までの約四カ月間に計一一通の質問状を規制庁広報室に送り、規制委の掲げる「透明性」が虚構（フィクション）であることをあぶり出していった。

二案の手順をまとめた秘密会議の配布資料には、「議論用メモ」と小さな印字があった。いわゆる「私的（個人）メモ」として保存期間一年未満の公文書として扱い、情報公開請求を受けても「廃棄済みで不存在」として開示しない方針を、出席者間で共有する趣旨と思われた。

つまりは秘密の文書であることを伝える「箝口令（かんこうれい）」の意味なのだろう。ただ、明確にそう書いてしまうと、今回のように外部に流出してしまった場合に、それだけで問題が大きくなりかねないので、言い逃れができるよう「議論用メモ」と印字しているものと推察された。裏返せば、本来は情報公開請求を受ければ開示しなければならない公文書であると認識しているのだ。

「私的メモ」扱いすることで情報公開請求の開示対象から外す手口は、これまでにもたびたび問題視されてきた。

森友学園問題では、財務省が国有地の売却をめぐる交渉経過を記録した文書を廃棄した（とする）ことが批判された。また加計学園問題では、獣医学部の新設計画が「総理のご意向」と内閣府から説明を受けたとする文書が文部科学省内で作成されながら、「私的メモ」扱いをしていたことが発覚した。いずれも恣意的な解釈によって情報公開の対象から外す以外に理由は考えられなかった。

こうした問題を受けて二〇一七年一二月に改定された「行政文書の管理に関するガイドライン」では、意思決定過程を文書で残すよう以下の通り明記している。

・意思決定過程や事務・事業の実績を合理的に跡付けや検証できるよう、処理に係る事案が軽微なものを除き文書を作成しなければならない
・政策立案や事務及び事業の実施の方針等に影響を及ぼす打合せの記録は文書を作成する

また従来、保存期間については、「歴史公文書等に該当するとされたものにあっては、1年以上の保存期間を設定する必要がある」としか記載していなかったが、「保存期間1年未満」として扱うことができる文書を以下の七つに類型化（限定）した。

①別途、正本・原本が管理されている行政文書の写し
②定型的・日常的な業務連絡、日程表等
③出版物や公表物を編集した文書
④○○省の所掌事務に関する事実関係の問合せへの応答
⑤明白な誤り等の客観的な正確性の観点から利用に適さなくなった文書
⑥意思決定の途中段階で作成したもので、当該意思決定に与える影響がないものとして、長期間の保存を要しないと判断される文書

⑦保存期間表において、保存期間を1年未満と設定することが適当なものとして、業務単位で具体的に定められた文書

秘密会議があったのは、ガイドライン改定後の二〇一八年一二月だ。常識的に考えて、規制委の委員長と担当委員、規制庁の長官と次長という役所の幹部が勢ぞろいした会議の配布資料は間違いなく意思決定過程の記録であり、保存一年未満で扱える七類型に当てはまるはずがない。規制委が改定ガイドラインを無視しているのは明らかだ。だが、そう問い詰めると、おそらく⑥の「意思決定の途中段階で作成したもので、当該意思決定に与える影響がない」を持ち出してくると考えられた。配布資料だけでは秘密会議が意思決定過程（実態は意思決定の場）にあたるとまでは立証できないと高を括って（くく）いるに違いなかった。

規制庁広報室の回答はほぼ予想通りの内容だった。

一回目の請求に対して「保存期間一年未満にあたる文書で廃棄済み」として不開示とした理由を、規制委は「調査が不十分で発見できなかった」と釈明した。つまり事務処理のミスであって意図的な隠蔽ではないとの主張だ。

一方、秘密会議の議事録は作成していないという。配布資料を廃棄した（としていったんは開示しなかった）理由と併せて、「指摘の打ち合わせ（＝秘密会議）は『ブレーンストーミング』であって、何らかの結論を得るものではない。（五人中）三人以上の委員の出席がないので規制委の会議に該当しない」と主張した。「ブレーンストーミング」とは、他人を批判せずに自由にアイデアを出し合う会議手法で、その場で結論を出さない前提で行われる。つまり、会議は意思決定過程とは無関係であり、議事録を作成しなくても、配布資料を廃棄しても問題はないという主張だ。

しかし秘密会議の録音を聴くと、二つの案の手順をまとめた資料をもとに議論し、最後は①案を排除して②案でいくと結論まで下している。これを「ブレーンストーミング」だと主張するのはただのウソだ。出席した幹部たちに会議の内容を確認することなく、広報室が勝手に回答したとは考えられない。ウソをつき通すというのが、規制委が組織全体で考え抜いた結論なのだろう。こちらが録音を持っていることに考えが及ばず、配布資料だけでは秘密会議の中身を立証などできないと見くびっているとしか思えなかった。

さらに悪質なことに、「委員三人以上が出席した打ち合わせは記録に残して公開する」としている規制委の透明性確保方針を、「二人以下の会議は記録に残さなくても良い」と論理をすり替え、隠蔽を正当化する根拠に使っている疑いがあった。

規制委が掲げる「透明性」の虚構（フィクション）を明らかにする記事を掲載する前に、これまでの取材で浮かび上がった実態への評価が妥当なのか有識者に確かめる必要がある。

情報公開や公文書管理の運用や課題に詳しいＮＰＯ法人「情報公開クリアリングハウス」の三木由希子理事長にこれまでの取材経過を伝えると、明快な見解が返ってきた。

「二つあった選択肢のうち一つを退けているのだから、この会議は基本的な意思決定の場と言える。だとすれば、会議の記録を作る必要があるのに、残していないということは公文書管理法やガイドラインに反している。委員が二人しかいないことは関係ない。委員が三人以上いたら議論の記録を作りますというのは形式的な問題で、本来は議論の中身によって記録を残すかどうか判断しなければならない。表向きは記録を作っているように見せかけて、実質的には議論を見せないようにする運用に等しい。すべての案件を二時間の会議（定例会合）で決められるわけがないので、そこに至るまでのプロセスがあることはみんな分かっているのに、それを記録に残していないとなると、規制委は公文書管理や説明責任を果たしているとは言えない」

まずは実質的に意思決定の場となっている秘密会議の存在を報道する方針を決めた。そのためには秘密会議の「主人公」である更田委員長の弁明を聞かなければならない。

委員長がウソ連発の記者会見

二〇一九年一二月一一日、水曜の定例会合が終わった後の昼休みを狙い、東京・六本木の規制委前で張り込んだ。これまでの規制委広報室の取材対応から、正面から更田委員長の面会取材を申し入れても、おそらく応じないと見込んだからだ。

規制委が入るビルの正面玄関から出てきた更田委員長を見つけ、「大山の火山灰問題について聞きたいのですが」と声を掛けると、案の定「ああ、記者会見で、会見で聞いて。会見で質問を受けるから」と、まともに取り合わない。それでも食い下がると、更田委員長は「だから、会見で聞くって言っているでしょ。なんで抜け駆けするの」と激高した。「抜け駆け」と言ったのは、記者の仕事は役所の発表前にその内容を報じることだと思い込んでいるからだろう。

翌週も規制委前で張り込み、安井正也氏に直撃取材した。安井氏はこの時点で長官を退任していたが、「特別国際交渉官」という肩書きで規制庁に残っていた。関電火山灰問題で報告徴収（再評価）命令案を発案したのか、また情報公開請求に対してどのように対応しているのかを問い質すと、安井氏は「今言われてもなあ、あははは。（②案を出すよう指示したかは）ちょっと分からないね。あるものは出しなさい（開示しなさい）っていう立場なので、あるならある限り探せって普通言うから。特別なことを言った記憶はないんだけど、よく分からないんだけど、ははは。こういう取材は広報を通して」と、ほとんど中身のない答えを返してきた。言われた通り、安井氏への取材を広報室に申し込んだが、やはり拒否された。

取材を拒否されたため、まずはこれまでの取材に基づき初報を掲載したうえで、更田委員長の定例記者会見で一つひとつ問い質していくことにした。

年が明けてすぐの二〇二〇年一月四日、「毎日新聞」朝刊一面トップで「規制委、密室で指導案排除／関電原発　火山灰対策／議事録作らず」と初報を打った。三面の特集コーナー「クローズアップ」では、「公文書指針　骨抜き／規制委　密室で方針決定／『議論透明化』と矛盾」と、規制委が掲げる「透明性」とは名ばかりで、意思決定過程を意図的に隠している疑いがあることを詳細に報じた。

翌日の朝刊でも社会面トップで「『廃棄』資料一転開示／文書名特定、再請求に／『情報流出か』庁内混乱」と続報を掲載した。問題の会議の配布資料が、最初の情報公開請求では「廃棄済みで不開示」だったのに、文書名を特定して再請求したら一転開示された経緯を詳報し、恣意的な対応ぶりを通じて「透明性」の看板が偽りであることを印象付けた。

ここからは、規制庁広報室との文書による質疑応答と並行して、毎週水曜日の午後に開かれる定例の記者会見に参加し、更田委員長に直接質問をぶつけた。これまでの取材対応を見る限り、正直に答えるとは考えられず、まずは委員長本人からできる限り「ウソ」の言葉を引き出す方針を立てた。秘密会議の録音を持っていることを伝えるのは取材の最終段階だ。

一月八日、更田委員長の定例記者会見で初めて質問した。記事への感想を尋ねると、更田委員長はにこやかに答えた。

「要するに（『毎日新聞』との）見解の相違なんだと思います。私の部屋、あるいは個別の委員の部屋で意思決定なんてされることはない。それぞれの委員が水曜日の委員会（定例会合）に臨むときに、複雑な案件については個別の委員が個々に勉強しないといけないし、規制庁の職員との間で議論をして臨むのが一般的です」

これまで明らかにしてこなかった事前会議（秘密会議）の存在を認めた。認めざるを得なかったのだろう。だが、事前会議は資料説明の場であって、意思決定過程ではないから、規制委が掲げる「公開会議の徹底」の原則には抵触しないと主張した。要は規制に関する重要な方針を決めるような会議ではないというのだ。

それでは会議で何を話し合ったというのだろうか。「更田委員長も①案と②案の比較について何か意見を述べたのでしょうか？」と尋ねると、更田委員長は「『毎日新聞』の記事が出たから、あの資料（二案の手順をまとめた資料）を広報が持ってきてくれた。大変申し訳ないけど、資料は用意してもらったけど、資料に基づいて議論はしなかったと記憶しています」と答えた。

繰り返すが、基準不適合と認めなくても済むという理由で②案を選んだ更田委員長の発言が録音に収められている。更田委員長の釈明は明らかなウソだった。森友・加計両学園問題をめぐって国会で追及された高級官僚と同様、「記憶にない」と言い張れば、追及をかわせると思っているのだろう。

すかさず、一月一三日朝刊一面トップで「規制庁長官『判断先送り』案／規制委、密室会議で採用／関電原発対策」と続報を掲載した。これは開示された職員間の電子メールに基づき、規制委が採用した報告徴収（再評価）命令案（②案）が元々は選択肢になく、安井長官の指示で追加されたという事実を報じた。そんな経緯で作成された資料に基づき議論しなかったとは考えられない。記者会見における更田委員長の釈明の信頼性に疑問を投げかけた。

二日後の定例記者会見で再び質問に立つと、更田委員長は前回とうってかわって露骨に不機嫌な表情を見せた。

——本当に①案と②案のどちらが良いか、議論していませんか？

「そもそも、関西電力は新知見を認めておらず、どれだけ影響が出るか評価していない。（二〇一八年）一一月二一日の定例会見でまずは事業者に評価を求めて、きちんと検討してもらったうえで評価する必要があると一般論で申し上げており、その通りになったということです」

分かりにくい説明だが、要は秘密会議よりも前の記者会見で、再評価が必要だとすでに表明しており、その通りになっただけであり、最初から①案を選ぶつもりはなかったのだから、秘密会議で意思決定はしていない、と主張したいようだ。

——一二月六日の会議は（結論を出さない）「ブレーンストーミング」だったというのが、議事録を作らず配布資料を廃棄した理由でしたが、これは会議の中身で判断したのでしょうか？

この質問をした瞬間、更田委員長の表情に動揺が浮かんだ。会議の中身によって議事録を作るかどうかを判断しているというのであれば、出席した委員が二人以下であっても、例えば委員から具体的な指示があったとか、出席者から斬新な提案が出されて採用することになったとか、意思決定過程にあたると判断して議事録を作り、記録を残すケースも存在しなければおかしい。だが、そんな記録は一つも公開されていないのだ。

この質問に対して、「会議の中身で判断している」と答えれば、それなら、なぜ記録が一つも公開されていないのかが問われるし、中身ではなく「委員の出席者が二人以下」というだけで機械的に公開していないことを認めれば、隠蔽を正当化する根拠として「透明性確保方針」を悪用しているカラクリがあらわになってしまう。さて、更田委員長はどう逃げるだろう？

「そもそも五人の委員が出席していないところで意思決定がされることはない。ただ、三人以上集まると、そこで多数派意見を形成する恐れがあるから議事概要を作成することになる」と答えた。

予想通り一般論に逃げ込んだ。そうするとやはり、会議の中身に関係なく、出席者が「委員二人以下」だと機械的に議事録を作らず、配布資料も廃棄している。あるいは仮に作っていても公開しないようにしている。結局のところ、「透明性確保方針」を隠蔽に悪用していると認めたようなものだ。そう問い詰めると、更田委員長は役所のトップとは思えない持論をぶった。

「ご指摘のブレーンストーミングは私の考えを整理するために行ったもので、資料を読むのも、図書館で本を借りて読むのと同じだ。委員会としての意思決定と個々の委員の意思決定を分けて質問してもらいたい」

あからさまな詭弁(きべん)だ。これでは定例会合以外は意思決定過程にはあたらず、「情報は隠し放題」「公文書は捨て放題」になりかねない。

二つの案を比較検討しなかったのか、改めて尋ねると、更田委員長はいら立ちをあらわに、「さかんに二案比較と言うが、一方の案とされるもの(①案)は箸にも棒にもかからないもので、そんなものを比較するのは時間の無駄だし、そうした資料をもとに議論した事実はない」

と言い放った。
録音では「こちらのほうがすっきりする」と話していた①案が「箸にも棒にもかからないもの」なのだろうか。あまりに堂々としたウソに呆れると同時に、「運転を停めたくないから基準不適合とは認めたくない」というのは、規制機関のトップとして決して口にしてはいけない「本音」なのだと感じ取った。

次に突きつけたのは、秘密会議の終盤に内容を検討した②報告徴収（再評価）命令案の原案だ。録音によると、更田委員長の指摘を受けて一部の記述が書き換えられている。秘密会議が実質的な意思決定の場であることを示唆する事実だ。裏返せば、「あの会議はブレーンストーミングで、意思決定はしていない」という更田委員長の説明はウソということになる。

二月九日朝刊一面トップで「規制委、命令案も密室協議／委員長説明に疑義」と報道した。社会面にも「規制委自ら　透明性放棄／意思決定過程隠す？／命令文原案『打合せ後廃棄』」の見出しで記事を掲載した。配布された命令文原案の右上には「打合せ後廃棄」「検討用資料」と印字されており、秘密会議で文案を検討した事実を隠す意図は明らかだった。

二月一二日の定例記者会見では、序盤に他社の記者が、日本原子力発電（原電）による敦賀原発二号機の地質データ書き換え問題について、更田委員長に所見を求めた。これに対して、更田委員長は「原電の幹部は欺こうとしたものではないと言っていたが、それを信じるとしたら科学や技術に触れる際に最も初歩的に教育を受ける部分が欠落している。これはちょっとひどいなというのが率直な感想だ」と、意気軒昂といった様子で日本原電を厳しく批判した。日本原電と規制委のどこが違うのか――内心苦笑した。私が質問のため挙手すると、その瞬間に更田委員長がぶぜんとした表情に変わった。

――更田委員長は命令文の原案が配布されたのを覚えていますか？

「記憶にありません」

――委員長はこれまで「事前（秘密）会議で選択も決定もしていない」と言っていました。それは明確に記憶しているのに、原案の配布は記憶にないのですか？

「選択をしていないというのは、委員長、委員が参加しているようなところで選択することはあり得ないし、これまでもしていない。記憶にないというよりは、そうしたことはあり得ないという趣旨です」

――委員長自身が、ここはこうしたほうが良いなど指摘したことはありませんか？

「ありません」

――委員長と担当委員が出席している会議で命令文の原案が配られ、修正作業するというのは規制委の意思決定過程で予定されていることですか？

「予定されていません」

――委員長あるいは担当委員の指摘で事前に修正されるのはあってはならないことですね？

「そのように思います」

――「打合せ後廃棄」という印字はよくあるのでしょうか？

「どうでしょうか。あまり頻繁に目にするものではない」

――わざわざ印字するというのは、隠蔽以外に理由が考えられないのでは？

「担当者がどのバージョンか分からないけど、途中段階のものが残らないように『打合せ後廃棄』と書くことはあり得る。隠蔽というかバージョン番号を書くのと同じだと思います」

――規制委は「透明」、「独立」をうたっているわけですが、事前会議で原案が修正されているのに資料が残っていない。議事録も作っていない。原案には「廃棄」と印字している。規制委は本当に透明なのでしょうか？

「そう思っております」

記者会見で秘密会議の録音を再生

当初立てた取材方針に沿って、記者会見の質疑応答で更田委員長から十分にウソを引き出せた。次の舞台は国会だ。ちょうど開会中だった国会の審議で取り上げてくれるよう野党の議員たちを訪ねて回った。折しも新型コロナウイルスの感染拡大が始まったころで、「コロナ対応を質問しないといけないから」と消極的な反応が多い中、元報道キャスターの杉尾秀哉（ひでや）参議院議員（立憲民主党）が三月一〇日の参議院内閣委員会で取り上げてくれた。以下はその際のやりとりだ。

杉尾「規制委は福島原発事故を教訓に作られた第三者機関。徹底した独立性と透明性の確保が生命線。ところが一連のスクープは規制委の姿勢に根本から疑問を投げかけている。関西電力の原発の火山灰対策を決めた一昨年一二月の規制委の会議の前に事前会議を開き、二つある案のうち最終的に決めた一つの案に絞り込んだにもかかわらず、議事録を作らずに資料も回収廃棄したという報道は事実ですか？」

更田「事実ではありません。新聞報道では二案のうち一案を退ける方針を決めたというが、文書指導案（①案）は火山灰の影響評価を行わず、強制力のない行政指導のため、そもそも案たり得ないものです。この打ち合わせにおいて二案から一案を選ぶような意思決定は行っておりません」

杉尾「事前会議の出席者は委員長に委員、規制庁の長官に次長だ。ここで話し合われたことは次の正式の委員会（公開）に及ぼす影響が大きい。これでいきましょうと決定したわけではなくとも、この方向でいきましょうと認識を共有するのも意思決定過程ではないですか？」

更田「このような打ち合わせの場で方向性を打ち出すことはありません。規制委の意思決定はすべて委員会の公開の場で委員の議決によって行い、委員会以外で意思決定を行うことはありません。他方、会議に出席するにあたって、委員が個別に勉強し、意見を形成するため規制庁の職員と打ち合わせするのは当然。そうした打ち合わせにおいては規制庁職員による事実関係の説明しか行われず、意思決定過程に該当しません」

杉尾「そうおっしゃいますが、翌週の委員会に出てきたペーパーは二つの案のうちの一つ、報告徴収（再評価）命令案しか出ていないんですよね。その前段で事実上ここに決まってしまっているじゃないですか」

更田「先ほど申した通り、もう一方の文書指導案は関西電力が噴出規模の見直しに異論を唱えている状態ではそもそも案たり得ないもの。従って打ち合わせにおいて二案のうち一案を選んだということはありません」

杉尾「案たり得るかは後付けでも説明できる。しかも、この事前会議の席には、報告徴収命令案を前提とした関西電力への命令文の原案が配布されている。この会議が意思決定過程にある重要な会議であることを端的に示すものじゃないですか」

更田「ご指摘の文書は会議、いや打ち合わせに出席したメンバー、いずれも誰も記憶しておらず、職員が資料を作成する過程のものであったかもしれませんけれども、私ども委員を含めた打ち合わせに提出された記録はありません」

記録を記憶で否定するだけではなく、「提出された記録はない」と居直った。記者会見で繰り返してきた苦しい説明、いやウソを国会でも堂々と展開してくれた。やはり、録音の存在にまで考えが及ばず、秘密会議で意思決定している事実は立証できないと甘く見ているのだろう。

もう十分だ。いよいよ「種明かし」にかかることにした。

録音の存在を明かし、秘密会議の中身を詳報する前に、更田委員長に録音を聴かせて、「あなたの声ですね？」と確かめなければならない。だが個別の取材には応じない。どこかで待ち伏せして直撃取材しても、前回と同じように「記者会見で聞け。抜け駆けはダメだ」と取り合わないだろう。

そうすると、記者会見で録音を再生して聴かせるほかに方法はない。しかし、秘密会議の録音を記者会見で流すということは、他社の記者たちにも録音を聴かれるだけではなく、インターネットのライブ配信を通じて広く公開される事態を意味する。約五〇分ある会議の録音をすべて流すものではないにせよ、他社にも報道されて「特ダネ」にならなくなる恐れもあった。

だが、初報を出してからすでに二カ月以上が経つが、ほかの新聞、テレビはこれまで一切追報していない。記者会見で録音を再生したとしても、今さら追いかけないだろうと判断した。

そして三月二五日の定例記者会見を迎えた。新聞記者として二〇年以上働いてきたが、記者会見で秘密会議の隠し録音を再生し、本人に確認を求めるという経験はさすがにしたことがなかった。こういうときは事前の準備を尽くしたら、あらかじめ決めた手順通りに実行したほうが良い。人間、そうそう上手にアドリブを利かせることなど難しいのだ。

これまでの記者会見とは違い、最前列に陣取った。壇上にいる更田委員長が再生した録音を聴き取れるよう、持参した小型スピーカーをパソコンにつなぎ、問題の個所がすぐに再生されるようにあらかじめセットした。原稿はすでに作成済みだ。今回は記事だけではなく、録音をもとに制作した一五分間の動画もニュースサイトで公開する予定だった。

会見開始から一〇分ほどが過ぎたころ、手を挙げて質問を試みた。官房長官の記者会見とは違って、まがりなりにも「透明性」を看板にしているためか、規制委委員長の記者会見では、不都合な質問を続ける記者でも、無視するような真似(まね)はしない。

――二〇一八年一二月六日の事前(秘密)会議の録音を入手しました。まずは聴いてください。

(録音再生)

――これは委員長の声ということでよろしいでしょうか?

「これは私の声だと思います」

――これまで資料に基づいて議論していないとおっしゃっていました。

「資料に関しては、その録音を聴いても見た記憶はありません」

――委員長は二つの案の手順を比べる資料に基づいて議論していないとおっしゃっていました。

「今の声を聴いても、私、①案と②案の選択はしていないと思いますけれども……。私の意見は言っているかもしれないけれども……」

――ブレーンストーミングで特に指示や指摘はしていないとおっしゃっていました。

「指示でも指摘でもないと思います」

――これまで①案について「箸にも棒にもかからない案」「案たり得ない案」とされてきました。それが（録音では）「①案のほうがすっきりする」とおっしゃっています。言っていることが違いませんか？

「いや、違うとも思わないけれどもな……」

――案たり得ないものがすっきりするのですか？

「ブレーンストーミングのときの発言の断片だけを切り出して、私がその時点で選択をしていると言われるのはどうかと思いますけれども」

――分かりました。結構です。

ずっとウソをついていたと認めるわけにはいかず、どんなに説明が苦しくともウソをつき通すしかないのだろう。こんな破綻だらけの説明なら、誰が聞いてもウソだと分かるはずだ。

この日の夕方、編集した動画を「毎日新聞」のニュースサイトにアップし、二六日朝刊の一面左側で「規制委委員長が虚偽説明／音声入手／自ら事前会議主導」、社会面では「命令文案指示、事細か／非公開会議　関電に警戒も」と報じた。

二六日の衆議院原子力問題調査特別委員会では、与野党四人の議員がこの問題を取り上げ、更田委員長は「あえていくつかの案を立てて議論することはある」「正確を期すために指示を出し、資料が修正されることはある」と釈明に追われた。更田委員長は国会での虚偽答弁を否定した一方、「虚偽説明」と書いた記事に対して、抗議や訂正の要求をしてこなかった。藪蛇(やぶへび)で問題を長期化させるより、黙殺してやり過ごす道を選んだのだろう。事実上、ウソを認めざるを得なかったということになる。

だが、追及は広がらなかった。二六日朝刊の一面トップは新型コロナウイルスのニュースだった。小池百合子・東京都知事が「感染爆発が重大局面」にあるとして、週末の外出自粛を呼びかけたのを伝える記事だった。これ以降、コロナ以外のニュースは紙面に載せることさえ難しい状態になった。

第三章　規制は生まれ変わったのか？

バックフィットとは何か？

規制委が発足時から掲げている「独立性」と「透明性」のうち、「透明性」の虚構（フィクション）を裏付けた。それでは、なぜウソがバレる大きなリスクを負ってまで「秘密会議」を行わなければならないのだろうか。背景には、役所の悪弊では片付けられない、原発規制の根本的な矛盾があるように思えた。

規制委は発足直後、電力会社と癒着せずに独立性を保っていることを示すため、透明性を組織の理念に掲げた。その透明性が虚構だったからといって、すなわち独立性もウソであると評価するのは乱暴に過ぎる。また、フクシマ以前と同じように電力会社と癒着していると、短絡的に断じるつもりもない。実際、規制委が設置変更許可申請を自発的に出すよう促したにもかかわらず関電はこれを拒否し、秘密会議で検討したシナリオ通りに物事は進まなかった。秘密会議の録音が示していたのは、規制当局としての能力や意思が伴っていないにもかかわらず、ハリボテの権威を守ることに汲々とする小役人的な有り様だった。

前述したように、規制委が関電に対して出した命令は、改正原子炉等規制法で新たに導入された通称「バックフィット命令」の第一例となった。しかし、華々しく規制強化をアピールするどころか、当時の発表文には第一例であることを伝える記述すらない。一方で、規制委はそれまでの七年間に「バックフィット」を連発し、こちらは大々的に規制強化をアピールしてきた。なぜ、このようなあべこべな対応になるのか。そもそもバックフィット命令ではないバックフィットとはいったい何なのだろうか。

二〇二〇年四月三日、バックフィット命令とバックフィットの「定義」について尋ねる質問状を規制庁広報室に送った。四日後に返ってきた回答は以下の通りだ。

○科学的・技術的観点から原子力規制の継続的改善を図るため、新たな知見に基づく新たな規制を既存の原子力施設にも適用する行為をバックフィットと呼んでいます。具体的には、既存の規制対象について、新たな技術・知見を踏まえて現行の基準を適用する場合や、新たに定められた基準を適用する場合があります。基準の適用にあたっては、対象となる施設が合理的期間内に新たな規制に適合することが担保されれば足りるので、経過措置として一定の猶予期間が設定されます。なお、２０１８年11月21日の定例記者会見の委員長の発言は、以上のことをふまえた発言です。

○原子炉等規制法第43条の３の23第１項の命令を行うことができるのは、原子力規制委員会が、発電用原子炉施設の位置、構造もしくは設備が同法第43条の３の６第１項第４号の基準に適合していないと認める場合、発電用原子炉施設が第43条の３の14の技術上の基準に適合していないと認める場合等と規定されています。この命令については、いわゆるバックフィットの履行を担保するためにも用いることができるので、バックフィット命令と呼ぶことがあります。

つまり、「バックフィット」とは新知見に基づく基準や新たに定めた（引き上げた）基準を満たすよう、既存の原発に対して追加の安全対策を求めることであり、「バックフィット命令」は対策の履行を求める際に使える法的権限という説明だ。

ちなみに「委員長の発言」というのは、前章で書いた二〇二〇年一月一五日の記者会見における「そもそも、関西電力は新知見を認めておらず、どれだけ影響が出るか評価していない。（二〇一八年）一二月二一日の定例会見でまずは事業者に評価を求めて、きちんと検討してもらったうえで評価する必要があると一般論で申し上げており、その通りになった」という発言を受けたものだろう。それにしても、バックフィットの定義を尋ねる質問に、一方的な主張を付け加えるとは、こじつけが過ぎる。

規制庁広報室の回答から二つの問題点が浮かんだ。

一つは、どのような場合に、規制委が基準不適合の状態にあると認めるのか判然としないことだ。それどころか、基準不適合と認めないことを取引材料にして、電力会社に安全対策を求めているようにも見える。これは先々癒着につながりかねない危険性をはらんでいる。

もう一つは、バックフィット命令の本来の趣旨を骨抜きにしている懸念だ。そもそもバックフィット命令を導入した理由は、大津波来襲の知見がありながら運転を停めて安全対策を命じなかったフクシマの反省にある。基準不適合なら運転停止が原則のはずなのに、そこを明確にしていないということは、バックフィット命令の本来の趣旨が生かされていないことを意味するのではないか。

続いて、過去のバックフィット事例をすべて明らかにするよう、規制庁広報室に求めた。規制委の発表資料を探索したが、過去の事例を列挙するような資料が見当たらなかったからである。

広報室の回答によると、過去のバックフィット事例は、関電火山灰のバックフィット命令一例を含む全一一例（二〇二〇年四月時点）。一一例の中には、更田委員長が秘密会議の冒頭に愚痴を漏らした「火災感知器」も含まれていた。あれは電力会社側の主張をのんで、「基準不適合」ではなく「要求水準の引き上げ」に基づく措置にしたため、現状は基準不適合ではないことになり運転停止を求めなかった。それならバックフィットとは基準不適合を前提としていないことになる。

そもそも、なぜ規制庁の担当者は伊方原発で熱感知器が基準通りに設置されていないと気づいたのだろうか。

規制委の定例会合や「原子力発電所の設置要件に係る会合」の議事録といった公表資料によると、規制庁規制企画課火災対策室の職員が二〇一八年度の保安検査に併せて伊方原発を視察した際に熱感知器の設置が少なく、対象エリアをカバーしきれていないことを発見した、とされている。

規制委が二〇一八年八月に発表した保安検査報告書によると、保安検査の実施期間は同年五月二四日から六月七日までの二週間。同年四月三日に原子炉補助建屋で発生したフォークリフト火災の現場である三号機で通報設備や火災感知器の点検状況を確認した旨が記されており、このフォークリフト火災が視察のきっかけだったと推察される。

そう問い質したところ、規制庁広報室は「保安検査への火災対策室職員の同行は、新検査制度の準備に先立って原子力規制事務所の行う検査方法等について確認するため複数のサイト（原発）で行ったものの一環であり、フォークリフトの出火とは関係なく計画されたもの」と否定した。だが、それでは三号機で防火体制を確認した理由が説明できない。

新規制基準では火災の早期感知のため、煙感知器と熱感知器の両方を死角がないよう設置することを要求している。だが、規制委は熱感知器の不足に気づかないまま安全審査を合格させている。電力会社の要求をのんで、基準不適合とはしなかった背景には、安全審査で見落とした後ろ暗さがあったのではないか。

関電の予想外の強硬姿勢によって結果的に基準不適合を認めることになった関電火山灰問題と、安全審査における「見落とし」が原因とみられることが共通している。これは電力会社の提出した書面の確認とシミュレーションが基本で、現地調査や文献調査がおざなりになっている安全審査の実態がうかがえるエピソードだ。新規制基準や安全審査の権威を守るために過去の誤りを認められず、運転を停めないというのであれば、バックフィット命令は「抜かずの宝刀」になっているのではないか。実際、規制庁が挙げた一一例のバックフィット（バックフィット命令一例を含む）で基準不適合と認めて運転を停めたことは一度もない。本当にフクシマの反省を生かしているのか疑問だった。

さらに悪質なのは、「バックフィット」という言葉が、基準不適合かどうか判断するのを避け、運転を停めずに安全対策をさせる「マジックワード」として使われている疑いがあることだ。そんなことをする目的は国民を欺く以外に考えられない。

バックフィットとバックフィット命令は別物？

二〇二〇年四月八日の定例記者会見で、「バックフィット」と「バックフィット命令」の違いを更田委員長に尋ねた。以下はそのやりとりだ。

――この問題はバックフィットをめぐる問題ということでいいですね？

「はい」

――委員長は二〇一八年一一月二一日の記者会見で、すでに再評価（報告徴収）命令を求めるという見通しを示していると主張しておられました。

「はい」

――このときの発言の中で、「今までやってきたバックフィットと同じ、ないしは似たような扱いになるのだろう。規則や基準で一定値が定められていて、その値が引き上げられたからバックフィットをかけるという例がある」と。ちょっと飛ばして「（関電火山灰問題は）噴出量が大きくなったので、各発電所にどれだけの降灰があるか検討してもらって、火山灰対策を強化する必要がある場合には、強化してもらう」とおっしゃっています。しかし、この段階ではバックフィット命令は一例も出ていないと思いますが。

「あの、バックフィットとバックフィット命令は別物です。分かっていますか?」
――分かっています。

この記者会見で真っ先に認めさせたかった事実を、更田委員長が先に言ってくれた。

「バックフィット命令というのは、バックフィットを実現するときの方法の一つでしかないのですよ。で、例えば新規制基準への適合だって、これはバックフィットです。すでに許可を得ているものに対して基準を引き上げて、それへの適合を求めるというのは、新規制基準への適合を求める一つのバックフィットだし、特定重大事故等対処施設（通称・テロ対策施設）もそうだし。ただ、こちらから命令をすることなしに事業者が新しい基準に適合させる意思を示しているときは命令を出す必要がないわけです。火災報知器や高エネルギーアーク火災対策など、DNP（大山生竹テフラ）より先行するバックフィットはいくつもあって、それぞれさまざまなやり方でバックフィットを実現させてきたので」

予想通りの答えだ。運転を停めないで済むのであれば、電力会社は規制委の要求に応じるに決まっている。関電は今回、規制委の要求を拒絶しても運転を停められないと分かっていたから応じなかっただけだ。意図的かは分からないが、秘密会議で最も気にしていた運転停止については言及しなかった。

――同意ベース、指導ベースでもバックフィットはあり得ると？

「もちろん」

――そうすると、行政指導で基準適合するよう求める、設置変更許可申請を求めるというのはバックフィットですか？　そうではないですか？

この質問をぶつけた瞬間、更田委員長が露骨に顔をしかめた。これまでのバックフィット一一例のうち、関電火山灰問題を除く一〇例はすべて行政指導なのだ。「バックフィット」という言葉で新しく見せているだけの実態がバレてしまう。

「えーとね、DNPのことを言っていますか？　それとも一般論？」

――どちらもお答えください。

「一般論だったらイエスです。DNPでは取り得ません」

――あの段階の①案（行政指導案）というのはバックフィットに該当するかどうかを尋ねています。

「質問の意味が分かりません。DNPの新しい知見に基づく噴出量の評価をして、発電所の層厚を見直す、それに見合った対策を取らせるのがバックフィットなんです」

――同意しないからバックフィットではないとおっしゃるのであれば、矛盾していませんか？

「矛盾しません。関電が再評価しない限り、各発電所の層厚で火山灰の降下密度が出てこない」

――そもそも設置変更許可申請の中で各サイトの層厚は入っていますね。

「はい」

――それなら最初からバックフィット命令を出せば良かったのではないですか？

「この時点ではできないです」

――噴火規模は新知見として認めていましたよね。VEI6、一〇立方キロメートルを上回ると。

「はい」

――これを前提にして、層厚を出させることはバックフィット命令ではできないのですか？法的に可能ですか、不可能ですか？

「あのケースではノーでしょうね」

――できないですか？

「できないと思う……」

――できないということで本当にいいですか？

「…………」

――検討はしたのでしょうか？

「…………」

壇上に立つ更田委員長がうつむき、言葉が途切れがちになった。DNPの噴火規模が「新知見」にあたるかはさておき、自然災害の想定リスクが安全審査時よりも上がったため「基準不適合」の状態になったのは、事故前の福島第一原発と同じ構図だ。フクシマのような過酷事故を再び起こさないため導入したバックフィット命令を適用できないはずがない。フクシマが示したように、対策を取らせるまで時間がかかるほど自然災害のリスクは高まっていく。まずは運転を停める前提で検討すべきだろう。

それに、本当に更田委員長の説明通り、「関電は要求に応じない」と当初から考えていたのであれば、それこそいったん再評価などさせることなく、すぐに新たな層厚を書き込んだ設置変更許可申請をするようバックフィット命令をかければ済んだ話だ。こんなややこしい経緯になった原因は、基準不適合を認めたくない規制委の思惑以外にない。そして認めたくない理由は、安全審査での見落としを表沙汰にしたくないからにほかならない。

更田委員長は絞り出すように口を開いた。

「可能かどうかの……。記憶にないし、（検討は）していないのでしょうね……」

そのとき、普段の記者会見でほとんど発言しない規制庁の総務課長が突然、横から割って入った。

「総務課長です。設置変更許可の申請をするように命令する、いわゆるバックフィット命令とおっしゃっているものについて……」

こちらは「最初からバックフィット命令をかけたら良かったのではないか」と尋ねているのに、これまでの経過や一般的な説明を長々とされても時間の無駄だ。窮地に陥っている委員長を救うための横槍(よこやり)だろう。秘密会議に出席していない総務課長に質問することはない。無視して更田委員長への質問を続けた。

――「停める、停めない、の話になると改善はできない」「不適合状態にあるから取り戻しに行きますと言うと、取り戻すまでは停めておいてくださいと来る」と委員長が発言しているのですが、これは（運転を）停めたくないから基準不適合と認めたくないというふうに聞こえます。なぜ停めたくないのですか?

痛いところを突かれたからだろう、更田委員長が激高した。

「あの、私は（録音で）そのようなことを言っていると思いますが、そもそも事業者の不利益を気にするくらいならDNPなんか始めていない!」

――そうすると、この発言は委員長の真意なのですか？

「ああ、それは私の立場ですね」

――立場とは？

「私の意見です。すべてが停める、停めない、の話になると、改善に決して結びつかない。これは私が申し上げてきた通りです」

支離滅裂な説明だが、運転を停めたくない理由が、電力会社の利益を考慮しているためではないと主張したいことは伝わってきた。これまでの取材を通じて、規制委が運転を停めたくない理由、そして最も守りたいものは、規制当局としての権威であると感じていた。安全規制の実態が事故前とさほど変わっていないことを知られたくないのだ。

五月一三日の記者会見でも、引き続きこの問題を追及した。

――二〇一八年一二月一二日（の定例会合）に、DNPだけではなく火災感知器も議題に上っています。公開した動画には入れませんでしたが、委員長は（秘密会議で）この問題に触れていました。「事業者側が『要求の引き上げ』だと主張している。しかし私らは『取り戻し（基準不適合）』だと言っている。要求の引き上げと取り戻しで見解が相違している」と。覚えておられますか？

「その日かどうかは分かりませんが、そういうことを言った覚えはあります」

――伊方原発がきっかけだったと思うのですが、見に行ったら等間隔で対象物も考慮していない。ウソじゃないかと。

「うん」

――その後、規制委は「要求の引き上げ」という電力会社の主張を認めている。しかし録音では委員長は「取り戻し（基準不適合）」と言っている。これはどういうことですか？

「対策を取る前に比べれば、安全性は向上したと言える。規制委が対策を取るようにということで新たに要求を定めて、対策が取られたならバックフィットに相当する。その局面、局面によって向上という言い方と取り戻しという言い方を常に正確に使い分けているわけではないけれども、結果としては本来あるべき姿を取り戻そうとする行為と、新たな対策を取って向上させようとする行為というのは、要求であるとか、事業者に促す場合において、同じ結果を与えるけれども、そのときのコンテクスト（文脈）によって、どちらの表現を取ることもあります」

何とも分かりにくいが、つまりは同じバックフィットであっても、状況によって「引き上げ」と「基準不適合」で判断を使い分けていると言うのだ。最終的に安全対策を取らせるのは同じだから問題はないと言いたいのだろう。

だが、バックフィット命令を出す要件（理由）は「基準不適合」だけだ。その認定を規制当局が避けているのだから、運転を停めたくないのが「本音」ということになる。それでは事故前と何ら変わりがないのではないか。

――録音の中で委員長がおっしゃっている通り、火災感知器のケースは「取り戻し（基準不適合）」のほうがしっくりくる事例だと思うのですが、なぜ電力会社側の主張をのんだのでしょうか？

「私自身は施設を見に行っているわけではなかったので、詳細にきちんと把握していたか定かではないんだけど、（規制委の）当初の要求の仕方が、例えば等間隔の配置であっても、フィットしていると言えるような要求の仕方をしていたんじゃないかな。これは推測ですけどそう思います。要求というのは、これでなければフィットしていると主張できない。足をすくわれないようにするための要求の厳格さ、精密さに注意しなければいけない」

――確認ですが、「要求の引き上げ」でも「取り戻し（基準不適合）」であってもバックフィットに変わりないということでよろしいでしょうか？

「そうですね。そこまでバックフィットを厳密な言葉として、委員会のレベルでは使っていないです。後から出てくる科学的知見によって要求水準を引き上げたものに対しても、バックフィットという言葉を使っています」

――そうすると、要求引き上げについて安全基準に適合させるという行為は、これは（フクシマの）事故後に新たに導入されたものでしょうか？　事故前からありませんでしたか？　バックフィットは事故後に導入されたものではなかったのですか？

「…………」

――「バックフィット」という用語は事故後導入されたものですね？

「はい」

――事故前から行われていませんでしたか？

「事故前であっても不可能ではなかったと思う。バックフィットというのは、私たちにとってやりやすい状態になったけれど、ゼロから一になったわけではなくて」

——最後に確認ですが、バックフィットという言葉は事故後に一般化しました。事故後に新たに導入されたものは、この言葉以外にはバックフィット命令だと考えて良いのでしょうか？

「どうだろう……。私は日常、そこまで意識してバックフィットという言葉を使っていないので……。バックフィット命令というのは強力な武器なので、存在することによって、ほかの手法に対しても有利に働いていると思いますが、ただ、あの、どうですかね……。日常的にバックフィットという用語を使うときに、条文上のバックフィット命令だけを意識して使っているわけではありません」

もはや驚くことではないが、あれだけバックフィットの意義をアピールしてきた人物の言葉とは思えない。この火山灰問題では「規制委はどうせ運転を停めないだろう」と関電から足元を見られている。バックフィット命令の存在に電力会社を従わせる効果など見えない。説得力はゼロだ。

差し止め訴訟を嫌がる理由

「秘密会議」の録音の中で、更田委員長が基準不適合と認めれば差し止め訴訟を誘発すると懸念する場面があった。公式の場では決して耳にしない発言だ。差し止め訴訟は行政訴訟ではなく民事訴訟で、被告となるのは規制委ではなく電力会社だ。なぜ直接関係しない規制委が差し止め訴訟を嫌がるのだろうか。

私が毎週水曜日の定例記者会見で更田委員長を追及していたのと同じころ、その疑問に対する答えを示唆する司法判断があった。

広島高裁は二〇二〇年一月一七日、四国電力伊方原発三号機の運転を差し止める仮処分決定を下した（その後、同高裁が決定を取り消し）。直接的な争点は地震と火山噴火という二つの自然災害のリスクに対する安全性の評価だったが、私が注目したのは、安全性評価の前提となる規制に対する考え方だった。広島高裁決定は以下のように記している。

> 最新の科学的技術的知見を規制に反映し、既に許認可等を受けている発電用原子炉施設についてもこれを踏まえた基準に適合させる制度（バックフィット制度）が導入されている。
> 以上の法規制を前提にすると、事業者は、その設置、運用する発電用原子炉施設が、規制委員会において用いられている具体的な審査基準に適合する旨の判断が規制委員会により

示されている場合には、①現在の科学技術水準に照らし、当該具体的審査基準に不合理な点のないこと、②当該発電用原子炉施設が上記審査基準に適合するとした規制委員会の判断について、その調査審議及び判断の過程に看過し難い過誤、欠落がないなど、不合理な点がないこと、以上2点を相当の根拠、資料に基づき主張、疎明することにより（中略）具体的危険が存在しないことについて、相当の根拠に基づき主張・疎明をしたということができるというべきである。

つまり、バックフィット制度（これが「法規制」かどうかはさておき）は、すでに安全審査に合格済みの原発にも、最新の知見に基づく安全基準を満たすよう求めるものなので、電力会社は、最新の知見に基づく審査基準になっていること、および安全審査に誤りがなかったことを立証することによって、原発が安全であることを証明しなければならないというのだ。これだと原発規制そのものが訴訟における最大の争点ということになる。

一方、「福島事故のような過酷事故は絶対起こさないという意味での高度な安全性を要求すべきであるという理念は尊重すべき」「最新の科学的技術的知見を踏まえて安全性を管理した上で、原子力の平和利用を認める我が国の法体系」としており、問答無用とばかりに、はじめから原発を危険と断じた決定ではない。また再稼働自体を端から否定しているわけでもない。

この考え方に基づき、裁判所はどう判断したのだろうか。

まず阿蘇山（熊本県）を想定した火山噴火の立地評価については、「我が国においては、火山の噴火自体は決して珍しい自然現象ではないが、規模が大きくなればなるほど発生頻度は低下し、特にＶＥＩ7以上の破局的噴火については、日本列島全体で1万年に1回程度しか発生していない。（中略）にもかかわらず、これを想定した法規制や行政による防災対策が原子力規制以外の分野において行われているという事実は認められない。（中略）破局的噴火による火砕流が原子力発電所施設に到達する可能性を否定できないからといって、それだけで立地不適とするのは、社会通念に反するというべき」として、立地不適としなかった規制委の判断を認めた。

だが、影響評価の火山灰対策については、「阿蘇については、（中略）噴出量数十立方キロメートル（筆者注：ＶＥＩ6）の噴火規模を考慮すべきである。そうすると、その噴出量を二〇～三〇立方キロメートルとしても、相手方（筆者注：四国電力）が想定した九重第一軽石の噴出量

（六・二立方キロメートル）の約三〜五倍に上り、本件発電所からみて阿蘇が九重山よりやや遠方に位置していることを考慮しても、相手方による降下火砕物の想定は過小であり、これを前提として算定された大気中濃度の想定（一立方メートルあたり約三・一グラム）も過小であるといわなければならない。（中略）規制委員会もこれを前提として上記各申請を許可ないし認可しているのであるから、気中降下火砕物濃度の想定が不合理といえるならば、これを前提とした申請と規制委員会の判断自体も不合理であるというべき」と指摘した。つまり、四国電力の想定を過小評価としたうえで、これを安全審査で是正しなかった規制委の判断を不合理と断じたのだ。

さらに、「現在の科学技術水準によれば、火山の噴火の時期及び規模を的確に予測することは困難であり、仮に予測が可能であるとしても精々数日から数週間程度前にしか予測できないというべきであって、本案訴訟の確定判決が得られる前にそのような事態が生じることもあり得るのであるから、本件において保全の必要性が否定されるとはいえない」としている。つまり、火山噴火の予知が困難であることを理由に、運転停止の必要性を認めている。

ここまで読み進めてきた読者は理解できるだろう。これは関電火山灰問題とまったく同じ構図である。

一月二二日の定例会見で、広島高裁の決定への感想を問われ、更田委員長は「当事者でない原子力規制委員会が司法の判断に対してコメントするのは、許されないというか、すべきでないと思っている」と前置きしつつ、「伊方三号機に対して行った設置変更許可の判断というのは、十分な調査、事実関係に基づいて審査を行ったものであって、適正な判断だったと思っている」と、実質的に反論した。

差し止め訴訟は民事訴訟であり、被告は電力会社であって規制委ではない。だが実際には安全審査を経て再稼働を認めた規制委の判断が争点になるので、自らの権威を守るためには電力会社側に立たざるを得ない――そんな本音がうかがえるコメントだった。

二〇二〇年三月二五日に秘密会議の録音をニュースサイトで報じた翌日の衆議院原子力問題調査特別委員会では、更田委員長の「差し止め訴訟」発言が問題視された。

「原発銀座」の福井県が地元の斉木武志（さいきたけし）議員（当時国民民主党）は「音声の中に気になる委員長の発言があった。①案と②案を比較検討している中で、こういう表現をしてしまうと住民側から突っ込まれる、住民側、差し止めとか運転停止を求める側が論拠にしてくるので、訴訟で運転の支障になるようなものを取り除くかのような発言があった。真意はどこにありますか？」と問い質した。

だが、更田委員長は「本件はいわゆるブレーンストーミングのケースなので。これも日常的にさまざまな立場で論点であるとか指摘を上げてみるというのは議論の過程であることでありますす」と答弁。意図的かは分からないが、肩透かしを食らわせた。だが斉木議員は食い下がった。

斉木「お答えがずれていますね。委員長が訴訟で論点になるかもしれない、原告側の論拠になるかもしれないなあということをおっしゃるのは公平性を欠くのではないか」

更田「発言の表現そのものを記憶しているわけではないが、音声記録を聞く限りにおいて、多少ふさわしくない発言だったと思っています。私たちも行政不服審査や行政訴訟の対象になっておりますので、法律上の堅牢(けんろう)さ、国の主張を行ううえでの論理の堅牢さは日常から配慮していることであります」

斉木「多少ではないでしょう。規制委員会というのはそもそもそうしたものを超越して技術的なものに立脚して判断すべきで、訴訟でこれが論点になるからやめとこうかというようなことを委員長が発言すること自体、委員長が一定の政治的方向性を持っていると断言せざるを得ないと思いますが」

規制委が発足以来掲げてきた「独立性」の理念に疑いを投げかけられ、更田委員長は感情的になって反論した。

更田「当該大山火山灰にかかるバックフィットの経緯ですが、原子力規制庁の職員が文献を発見し、規制委、規制庁が自ら調査に赴いて火山灰を見つけて、これは噴出量の想定に影響を与えるような新しい知見ではないかということで、自ら求めに行った知見でありま す。その知見に基づいて当初関電は評価の見直しに抵抗をしていたわけですが、規制委は自ら基準を見直して、層厚、結果的には発電所に降灰する火山灰の厚さが変わるわけですから、見直して厚くするように要求したもの。科学的内容、技術的内容につきまして規制委は常に最新の知見を収集するだけではなく、自ら求めて規制を強化しております。ただし、そうしたことを行っていく行政手続きについて不適切な、誤解を招くような表現で、行政訴訟等において不当に不利な立場にならないようにと考えるのは、これは当然であろうと思っています」

秘密会議の録音で更田委員長が懸念していたのは、電力会社が被告となる「差し止め訴訟」だ。民事訴訟と行政訴訟を言い間違えているのか、それとも、「行政訴訟」であれば規制委が被告になるから懸念するのは当然だと反論できるため、意図的にすり替えたのか。いずれにせよ看過できない。四月一日の定例記者会見でこの点を尋ねた。

――行政訴訟の対象になるのだから、不当に不利な立場にならないように考えるのは当たり前だと。差し止め訴訟は行政訴訟でしょうか？

「差し止め訴訟と言ったなら間違いです。私たちが委員会の立場として、行政訴訟を一定程度意識しないといけないのは事実として申し上げた。もう一つですね……」

誤って混同したと言うのだが、すぐ話題を切り換えるのが怪しい。追及を続けた。

――差し止め訴訟の話に戻りますが、差し止め訴訟を行政訴訟と勘違いしたということでいいですか？

「言葉の誤りでした」

――昨今の原発訴訟はほとんどが民事（差し止め訴訟）であることはご存知ですね。

「はい。ただ私は比較的頻繁に、行政訴訟に関する説明を受けているのでその辺の混同はあったかもしれません」

――差し止め訴訟は民事なのだから電力会社の味方をしているのではないかという趣旨で斉木議員がおっしゃっていたように思うのですが、独立性、中立性を損ねていませんか？

「原子力規制委員会が行ってきた一連の、バックフィットもそうですが、新規制基準適合や、特定重大事故等対処施設の対処であるとか、私自身の一人の委員としての意見ですが、時に事業者側の立場に立って考えるのは、事業者に足をすくわれないためという配慮もあるし、ブレーンストーミングのときに自分をさまざまな立場に置いてみて意見を言うということもありますが、ただ、それこそ、外形的という言葉がふさわしいか分かりませんが、私たちが事業者側に立っているということは決してありません」

「言い間違い」と強調したいのだろうが、どうにも釈然としない。だが、悔しいことにこれ以上の追及はできなかった。二〇二二年にこの本を執筆するにあたって、会見録を読み返し、追及の方向性を誤っていたことに気づいた。

前述した通り、差し止め訴訟の争点となるのは、電力会社やメーカーの技術や体制ではなく、安全審査を中心とする規制の妥当性だ。規制当局が再稼働を認めた自らの判断に誤りがないと主張する場合は、被告の電力会社側につかざるを得ない構図となる。これでは独立性や中立性など最初から求むべくもない。

厳しく問われるべきなのは、空虚な権威を守るために一切の誤りを認めない姿勢のはずだ。だが、規制委は頑なに誤りを認めようとしない。そこにはフクシマの反省と教訓はみじんも感じられない。そして、誤りを認めたら原発は運転できないというのであれば、事故前の「安全神話」と何ら変わりがないのではないか。

バックフィットに詳しい国學院大學の川合敏樹教授（行政法）に話を聞いた。

――火災感知器のケースでは、更田委員長が内心は「基準不適合」だと考えていたにもかかわらず、電力会社から「要求水準の引き上げ」と反論されて、それを受け入れてしまいました。「そこはバックフィットの肝になるところです。許可を得ている人の財産権に関わるので正面から明文化しにくかったのも事実でしょう」

――教授は「（フクシマの）事故前でもバックフィット命令は可能だった」と指摘していますね？

「そうです。可能だったと思います。ただ、これまでは行政と事業者が同じ方向を向いていたので、命令を出そうと思えば出せたけど、出す必要がなく、バックチェックというやや不透明な運用がされていたということです。あうんの呼吸ですよね。行政としても命令を出すコストをかけたくないし、事業者も命令されたくない。基準を引き上げたのかというのも不透明というか、微妙な呼吸で、事業者側は運転したいわけなので、指導がくれば応じるというような形でうまくいっていた部分もあったのかなと思います」

――事故後にバックフィット命令という制度が導入されて、行政と事業者が「停めたくない」という共通の立場である前提ではなくなりました。

「そうです。そこが運用の難しさになっていると思います」

――「バックフィット」という言葉を規制委が混同させたり使い分けたりして不透明な運用

をしています。実際には行政指導ですが、これをバックフィットと言ったりしています。

「そうですね。規制委員会が随意的に使っている面がありますね。基準不適合と判断すると、何がどうしてどう不適合なのか規制委が説明しなければいけなくなります。説明したくないのでしょう」

——それでは、事故前と事故後で運転を停めたくないという規制の本質は変わっていないことになりませんか？

「そうです。劇的には変わっていないと思います。肯定的に言えば、新たな制度だから運用を注視しなければいけないというところですが、この報道を見ていると、はて変わるのだろうか？という話ですね」

——差し止め訴訟を懸念する（更田委員長の）発言もそれと重なる気がします。許可を出した時点で、電力会社側につかざるを得ない構図になります。

「そうですね。万が一でも原告側の勝訴ということになると、許可の撤回につながりますからね」

——自分たちが出した許可が裁判所から否定されるということになります。

「そうです。事業者が停めたくないというのは分かりますが、規制委は自己否定したくないのでしょうね。三条委員会としての存在意義につながりますから。基準不適合と認定した理由を説明するということは自己否定になるので面倒なのでしょう」

――バックフィット命令は結局この一例しか出されていません。

「そんなにしないだろうと思っていました。退化したとは言わないけど、進化はしていない。看板を掛け替えただけというのが否めません。事故前と本質的には変わっていないということです」

一連の調査報道を受けて、福井県の住民ら約一〇人が二〇二〇年一〇月五日、基準に適合していることが確認されるまでの間、関西電力高浜原発三、四号機の停止を命じるよう規制委に求める行政訴訟を名古屋地裁に起こした。

第二部　避難計画編

2022年4月6日、日本原子力発電本店前。東海第二原発再稼働への抗議行動

第四章　不透明な策定プロセス

フクシマと避難計画

東京電力福島第一原発事故後の二〇一二年九月に発足した原子力規制委員会は、原発再稼働の前に越えるべき二つの「ハードル」を新たに策定した。それが「新規制基準」と「原子力災害対策指針」(防災指針)だ。

このうち防災指針は原発事故発生に備え、あらかじめ取っておく被曝(ひばく)対策を定めるもので、原発の周辺地域ごとに策定される「避難計画」がその中核となる。言うまでもないが、フクシマ以前は「事故は起きない」という「安全神話」に依存して、避難計画はまともに作られていなかった。旧原子力安全委員会が策定した旧防災指針(正式名称は「原子力施設等の防災対策について」)にはこう書かれている。

原子炉施設においては、多重の物理的防護壁により施設からの直接の放射線はほとんど遮へいされ、また、固体状、液体状の放射性物質が広範囲に漏えいする可能性も低い。したがって、周辺環境に異常に放出され広域に影響を与える可能性の高い放射性物質としては、気体状のクリプトン、キセノン等の希ガス及び揮発性の放射性物質であるヨウ素を主に考慮すべきである。また、これらに付随して放射性物質がエアロゾル（気体中に浮遊する微粒子）として放出される可能性もあるが、その場合にも、上記、希ガス及び揮発性放射性物質の影響範囲への対策を充実しておけば、所要の対応ができるものと考えられる。

フクシマの事故では、放射性ヨウ素による甲状腺被曝を防ぐ安定ヨウ素剤はほとんど服用されず、実際には所要の対応ができなかった。「事故は起きない」と決めつけていたのだろうから無理もないが、この程度の軽い認識で被曝対策が決まっていたのかと思うと、改めて恐ろしさを感じる。

事故前の防災対象範囲は原発の八〜一〇キロ圏内（EPZ）で、放射線防護の具体的な方法として、屋内退避、避難、安定ヨウ素剤予防服用、飲食物摂取制限などを挙げている。このうち避難については、「避難による混乱を考慮しても、避難は検討されるべき重要な手段である」としつつも、「防護対策の実施に柔軟性が必要」として、避難計画の具体的な内容までは定めていない。

それにしても、この旧防災指針を見つけ出すのには難儀した。グーグルで検索しても見つからず、旧原子力安全委員会から規制委が引き継いだ過去の資料を収容している国立国会図書館のサイト「ＷＡＲＰ」でようやく発見できた。本当にフクシマの反省と教訓を重く考えているのなら、閲覧しやすいよう広く公開したほうが良い。

国会事故調査委員会の報告書は、福島第一原発事故直後の避難の混乱ぶりを以下のようにまとめている。

事故が発生し、被害が拡大していく過程で避難区域が何度も変更され、多くの住民が複数回の避難を強いられる状況が発生した。この間、住民の多くは、事故の深刻さや避難期間の見通しなどの情報を含め、的確な情報を伴った避難指示を受けていない。

政府の避難指示によって避難した住民は約15万人に達した。正確な情報を知らされることなく避難指示を受けた原発周辺の住民の多くは、ほんの数日間の避難だと思って半ば

「着の身着のまま」で避難先に向かったが、そのまま長期の避難生活を送ることになった。

しかも、事故翌日までに避難指示は３ｋｍ圏、10ｋｍ圏、20ｋｍ圏と繰り返し拡大され、そのたびに住民は、不安を抱えたまま長時間、移動した。その中には、後に高線量であると判明する地域に、それと知らずに避難した住民もいた。20ｋｍ圏内の病院や介護老人保健施設などでは、避難手段や避難先の確保に時間がかかったこともあり、３月末までに少なくとも60人が亡くなるという悲劇も発生した。


規制委が二〇一二年一〇月に策定した新たな防災指針「原子力災害対策指針」では、福島第一原発事故の反省と教訓を受けて、防災対象範囲を原発三〇キロ圏に拡大。圏内の自治体に対して、事故時に住民を圏外に逃す広域避難計画を策定するよう求めた。事故は起きないとする「安全神話」への依存から脱却し、事故が起き得る前提であらかじめ避難計画を作っておく方針に転換した。

だが、仮に避難計画が「机上の空論」「絵に描いた餅」に過ぎず、原発再稼働の地ならしでしかなかったとしたら、どうだろうか。再び原発事故が起きても何の役にも立たないだけではなく、避難計画の存在がむしろ、事故のリスクを増大させる再稼働を後押ししていることになる。これではフクシマ以前のような、虚構（フィクション）が支配する世界への逆戻りだ。

避難計画について、役所がこれまでにしてきた説明はあまりに胡散臭（うさんくさ）く、疑念を払拭できるものではない。フクシマが示した教訓の一つは、運転中の原発は格段にリスクが増すということだ。だが、役所は「原発が停まっていても、核燃料がある限りは危険性がある」と、まるで再稼働と無関係であるかのように装い、避難計画の必要性だけを強調している。

また、電力会社が申請の主体となる安全審査とは違い、避難計画を策定する主体が自治体であることにも首を傾（かし）げざるを得ない。これは自治体が住民救助の責任を担う自然災害の防災制度を原子力災害にも広げた格好だが、人為災害である原発事故を自然災害と同じように考えられるはずもない。フクシマの反省と教訓を理由に、事故が起きれば被害者となる住民、そして自治体に対して避難計画策定の義務が課せられるのは不条理が過ぎよう。

自然災害に備えて市町村が策定する防災計画に国はほぼノータッチにもかかわらず、原発避難計画（緊急時対応）は国の原子力防災会議（議長＝首相）で了承を受ける枠組みになっている。だが、これは原発の安全審査と違って一回の会議で終わる手続きに過ぎない。なぜこのような手続きが必要なのか、また儀式以上に何の意味があるのか、納得のいく説明はされていない。

これまで再稼働した原発はすべて事前に、原子力防災会議で避難計画を了承されている。

	(国が計画了承)	(再稼働)
▽九州電力川内原発	二〇一四年九月一二日	二〇一五年八月一一日
▽四国電力伊方原発	二〇一五年一〇月六日	二〇一六年八月一二日
▽関西電力高浜原発	二〇一五年一二月一八日	二〇一六年一月二九日
▽九州電力玄海原発	二〇一六年一二月九日	二〇一八年三月二三日
▽関西電力大飯原発	二〇一七年一〇月二七日	二〇一八年三月一四日
▽関西電力美浜原発	二〇二一年一月八日	二〇二一年六月二三日

フクシマの反省と教訓を踏まえれば、避難計画がなければ再稼働ができないのは自明の理だ。だが、避難計画の策定と再稼働の関係性は明文化されていない。

胡散臭い点はほかにもある。原発避難計画は二つの省庁が関与する歪(いびつ)な格好になっている。

規制委が避難計画の基本的なルールを示した防災指針を定め、内閣府原子力防災担当が避難計画の策定にあたる自治体を支援するとされる。

原発避難計画の焦点は、事故が起きた際に本当に遂行できるかという「実効性」の有無にあると言われる。防災対象を三〇キロ圏まで拡大したことで、避難対象の人数も一つの原発で数十万人規模になる。避難先の確保、交通手段、費用や物資……と策定の課題は多岐にわたる。自治体にとって策定は大きな負担になるため、内閣府原子力防災担当が支援する制度の枠組みになっている。だが、「支援」の詳しい中身は明らかにされていない。


原発に限らず、何らかのトラブルや事故に備えた計画の実効性を確かめるには、訓練の繰り返しによって課題を一つひとつ洗い出し、改善策を講じていくのが一般的な手法だ。だが原発避難計画は対象人数が数十万人規模に上り、実効性を確かめられるほど大規模な訓練を行うのは現実的に難しい。とはいえ、机上のシミュレーションには限界がある。そうすると、計画の記載事項を一つひとつ、何が根拠なのか、裏付けとなるデータはあるのか、誰がどのように決めたのか、策定プロセスを検証する以外に、計画の実効性というより、信頼性を確かめる方法はない。だが、原発避難計画の策定プロセスはほとんど明らかにされていない。

第二部・避難計画編では、秘められた避難計画の策定プロセスを解明し、フクシマで生まれ変わったはずの原子力防災の実態を暴き出す。

九四万人の避難計画

避難計画をめぐって関心が集まっているのが、首都圏に最も近い日本原子力発電東海第二原発（茨城県東海村）だ。三〇キロ圏内に国内原発で最多の九四万人が住んでいることもあり、実効性のある避難計画を策定できるのか、疑問視されているのだ。

同原発は福島第一原発事故後ずっと停止している。だが、再稼働に向けた準備は着々と進んでいる。規制委は二〇一八年に安全審査を終えて設置変更を許可。日本原電は二〇二二年現在、防潮堤などの安全対策工事を実施している。工事が終わり、安全協定に基づき地元自治体が事前了解（同意）すれば、いよいよ再稼働となる。

二〇一七〜二〇一八年度、私は毎日新聞水戸支局でデスクをしていた。東海第二原発の再稼働、および再稼働の可否を左右する避難計画には、茨城県民の高い関心が寄せられていた。

だが、支局の記者から出される原稿は、三〇キロ圏内の市町村に対して圏外の市町村が事故時の受け入れを約束する避難協定の締結を伝えるものか、交通渋滞や複合災害への不安や、計画の実効性を懸念する住民たちの声を伝えるものが多く、避難計画の策定プロセスを明らかにするような原稿はなかった。これは「毎日新聞」だけではなく、ほかの新聞社もほとんど変わらない。

興味深い報道が一つだけあった。日本テレビ系の「NNNドキュメント」で二〇一八年一一月一一日に放送された「首都圏の巨大老朽原発　再稼働させるのか〝東海第二〟」だった。三〇キロ圏内の茨城県ひたちなか市から避難者を受け入れる予定になっている同県美浦村の村長が、避難所の一つとなる中央公民館のホールにテレビカメラを案内し、観客が座る固定式の椅子一席につき避難者一人と計算されている実態を示唆した。杜撰な策定プロセスが垣間見えたが、それ以上深入りはせず、策定プロセスの全体像を示すには至らなかった。

原発避難計画の策定プロセスに関する報道が乏しい理由はいたって簡単だ。茨城県などが策定プロセスをほとんど公表していないためだ。

後に情報公開請求で開示された資料で判明したことだが、茨城県と三〇キロ圏内の一四市町村は二〇一三年七月に避難計画の策定に着手している。なぜ、このタイミングだったのか。規制委が新指針を策定したのは二〇一二年一〇月。この段階ですでに防災対象範囲を三〇キロに拡大している。この時点で着手するのが自然に思えるが、実際に着手したのは、およそ一

○カ月後のことだ。

規制委は二〇一三年七月、安全審査の「マニュアル」である新規制基準を施行した。電力会社はすぐに、設置変更許可（安全審査）を規制委に申請した。つまり、事故後停まっていた原発の再稼働に向けた動きが始まったことで、避難計画を策定する必要性が生じたことになるが、こんな基本的な経過さえも公表されていない。

そんな不透明な策定プロセスの一端がわずかに姿を現したのは、二〇一四年八月六日に茨城県庁で開かれた橋本昌（まさる）前知事の定例記者会見でのことだ。

茨城県内全四四市町村が描かれた地図が報道陣に配られた。東海第二原発から三〇キロの地点を示す円周上に点線が引かれているほか、避難者を受け入れる三〇キロ圏外にある三〇市町村が、避難元の三〇キロ圏内の市町村ごとに色分けされている。この地図をもとに、橋本前知事はこう説明している。

「九六万人（当時）の夜間人口について、どうやって広域的に避難場所を見つけるかということでこれまで作業を進めてきたところでございますが、四四万人については県内の避難場所を確保できる見込みでありますが、残り五二万人については県内ではなかなか避難場所を確保することが難しいということで、隣接県の五県に協力をお願いしているところでございます」

具体的に述べていないが、三〇キロ圏外の「避難場所」、つまり避難所の収容能力が茨城県内は四四万人分しかないため、残る五二万人の受け入れを隣接五県に頼んでいるというのだ。その後、記者から五二万人もの大群衆を県外に避難させる感想を尋ねられ、橋本前知事はこう返答している。今から思うと示唆に富んだ内容だ。

「我々も、公共施設など、県立あるいは市町村のものも含めて相当洗い出し、四四万人しか県内では引き受けられないということになったため、五二万人をほかの県にお願いしなくてはいけないわけですが、なんとかほかの県にできるだけ協力してもらって受け入れてもらいたいと思っております。ただ、実態としては、例えば九六万人と言いましても、親戚などへ避難される方などいろいろなことがありまして、だいたい今までの例を見ておりましても、こういった公的な避難場所をセットしたときに、そちらに避難される方々は六～七割ぐらいです。ですから、なんとか九六万人という前提でやっていれば、一人二平方メートルという計算をしておりますけれども、ある程度の体制はとっていけるものと思います」

これも後に取材で判明したことだが、避難所の収容人数をもとに、避難元市町村に避難先市町村を割り振る作業は「マッチング」と呼ばれている。三〇キロ圏内の全住民分の避難先を確保することが、避難計画を策定するうえでクリアすべき最低限のミッションであることを示している。

その後、茨城県は二〇一五年三月に「原子力災害に備えた茨城県広域避難計画」を策定した。三〇キロ圏内の市町村がそれぞれ計画を策定するうえで必要な事項を定めたもので、避難先設定の基本的な考え方として、以下三つの前提条件を示している。

ア．避難先からの更なる避難を避けるため、避難先はＵＰＺ（筆者注：原発五〜三〇キロ圏）の区域外とし、同一地区の住民の避難先は同一地域に確保するよう努めるものとする。
イ．一つの市町村の避難先が複数の市町村となる場合、その避難先は、一体的なまとまりを確保するよう努めるものとする。
ウ．避難経路は、避難する住民や車両等が錯綜（さくそう）しないように配慮して設定するよう努めるものとする。

つまり三〇キロ圏内（避難元）の市町村ごと、地理的に一定のまとまり、方向性をもって避難先を確保するという方針だ。計画の末尾には、約半年前の記者会見で配布したものとほぼ同じ茨城県の地図が掲載されていた。

策定プロセスの一端が再び姿を現したのは、二〇一六年三月二八日の定例記者会見でのことだった。橋本前知事は約一年半前の発表内容を一部修正し、茨城県内の受け入れ分を約四万人減らして四〇万人とし、県外分を五六万人に増やす方針を明らかにした。

避難先を県外に移す避難元自治体は大洗町（おおあらいまち）で、修正した理由について、「ほかの市との調整などで、町民全員をまとまって受け入れる余地がなくなってしまった」と説明している。

「県内四〇万人、県外五六万人（その後五四万人）」の大枠が固まったのを受け、二〇一六年度以降、三〇キロ圏内の避難元市町村と三〇キロ圏外の避難先市町村との直接交渉が進んだ。そして事故が起きた際の避難者の受け入れ（避難元から見ると避難先の確保）を約束する「避難協定」の締結が次々と発表された。こうした避難協定の締結は二〇一八年一二月、水戸市と埼玉県内一一市町の締結ですべて終了。最終的な避難先は茨城県内（三〇市町村）と福島・栃木・群馬・埼玉・千葉、合計六県一三一市町村に及んだ。これで九四万人の避難先は確保されたことになった。その後、三〇キロ圏内にある一四市町村のうち、五市町（笠間市、常陸太田市、常陸大宮市、鉾田市、大子町）が避難計画を策定した。

収容人数は一人二平方メートルで算定

避難計画をめぐる調査報道に取り組む直接のきっかけになったのは、二〇二〇年三月に千葉県松戸市議会であった一般質問のやりとりを紹介する松戸市議会議員のツイッターだった。

松戸市は二〇一八年一〇月末、周辺五市と共に東海第二原発の事故時には避難者を受け入れる避難協定を三〇キロ圏内の水戸市との間で締結。松戸市で約一万六〇〇〇人など、六市で計約四万四〇〇〇人を水戸市から受け入れることが公表された。

松戸市の副市長の答弁によると、松戸市が二〇一六年に回答した受け入れ可能人数は二七〇〇人だったが、翌年には千葉県を通じて一万四〇〇〇人以上の受け入れを求められた。それに対して、避難者一人あたりの専有面積を四平方メートルで計算して一万人が限度だと押し返したところ、一人二平方メートルなら二倍の二万人まで受け入れられるとして、最終的に一万六〇〇〇人を割り当てられたという。

この答弁が正しければ、避難所の面積÷2（平方メートル）で収容人数をはじき出し、そこに収まる避難者数を一律に割り当てる機械的な算定方法で避難計画が策定されていることになる。


新型コロナウイルスに伴う緊急事態宣言（一回目）が明けたばかりの二〇二〇年五月二九日、松戸市役所を訪れた。

内部からの秘密情報の提供、いわゆる内部告発が端緒ではなく、先にテーマ設定がある調査報道の場合、行政が隠したい情報が何かはっきりと分からず、序盤戦の取材は手探りにならざるを得ない。とにかく多くの情報を引き出すことを目指して最初の取材に臨んだ。幸いなことに、松戸市危機管理課の担当者たちは親切で、公表されていない策定プロセスについても丁寧に答えてくれた。

松戸市に避難計画の話が最初に持ち込まれたのは、二〇一五年六月一日に千葉市文化センターで開かれた市町村向けの説明会だった。ほどなくして、千葉県を通じて「茨城県広域避難計画に係る受入可能数調査について」と題した照会文がメールで届いた。市内の避難所と面積を入力するエクセルシートが添付されており、松戸市は地震による原発事故の発生という複合災害が起きて、松戸市民も避難する事態を想定し、市内一〇六カ所の指定避難所は外して県立高校体育館などの数字だけを入力して返信した。一人四平方メートルで算定し、収容人数は二七〇〇人と回答した。

二〇一六年八月一八日、千葉県庁で再び説明会が開かれ、東葛六市（松戸、柏、流山、我孫子、野田、鎌ケ谷）で水戸市民計四万四〇〇〇人を受け入れるよう求められた。このとき、松戸市は七五〇〇人を割り当てられた。松戸市は「二七〇〇人が限度だ」と抵抗したが、東葛六市の中で人口が最多で施設も多いことから、相応の受け入れを求められたという。

二〇一七年二月一七日、避難所の収容人数を尋ねる千葉県の照会文が再び届いた。そこには六市それぞれの割り当ても示されており、松戸市は「一万四四二〇人」と記載されていた。このときも、指定避難所を使わなければ到底受け入れられない人数のため「難しい」と主張した。すると、同年六月二一日、四万四〇〇〇人を収めるため、一律一人二平方メートルで収容人数を算定する旨のメールが千葉県の担当者から届いた。

そして同年七月二一日、東葛六市の担当者が集められた会議で、水戸市の担当者から約一万六〇〇〇人の受け入れを求められた。

水戸市と東葛六市が協定を締結したのは、それから一年以上も後の二〇一八年一〇月三一日だった。その間に何か新たな動きや作業があったわけではなく、受け入れ人数の決定から協定の締結まで一年以上もかかった理由は「よく分からない」（松戸市担当者）という。ちょうど同じころ、東海第二原発の安全審査が大詰めを迎えており、茨城県内の世論への配慮が働いたのかもしれない。

ところで、避難元と避難先の市町村が結んでいる避難協定はどこもほぼ同じような文面だ。水戸市と松戸市の協定書を例に取れば、全一二条が記載されているが、要するに原発事故が起きた際に避難者を受け入れる「約束」をしただけで、詳細はほとんど書き込まれていない。

第二条の基本的事項として、「甲（筆者注：松戸市）は、自らが被災するなど、正当な理由がある場合を除き、水戸市民を受け入れるものとする」「水戸市民を受け入れる場所は、甲の指定避難所等のうち、あらかじめ定めた施設の一部とする」との記述がある。だが、松戸市の担当者の説明が正しければ、地震によって原発事故が起きる複合災害の際、松戸市民が避難する施設も水戸市民の避難先として使われる予定になっている。これはいったいどういうことなのか。そもそも、使う予定になっている避難所の面積をもとに避難先を割り当てたはずなのに、なぜ原発事故の際に使う予定の避難所が公表されていないのか。いきなり数多くの疑問が浮かんできた。

二〇二〇年六～七月にかけて、同僚記者と手分けして、千葉県と埼玉県の避難先市町村を取材して回るとともに、取材によって判明した避難所の収容人数（面積）調査や市町村向けの会議の資料などを両県庁に情報公開請求した。

余談だが、市町村の情報公開条例では、事実上請求権者を住民に限定しているところも多いが、都道府県や政令指定都市では限定しているところは少ない。情報公開制度の報道利用は、住民の「知る権利」に資するという本来の趣旨に沿うものであり、請求権者を住民に限定する必要はないはずだ。

両県庁から開示された資料から、避難計画の策定にあたって、茨城県が以下のような前提条件を避難先自治体に示していたことが判明した。いずれも公表されておらず、国や自治体に対してのみ文書で示しているようだった。

（1）避難所の滞在期間は1カ月

地震や水害などの自然災害に比べて原発避難は長期にわたることが想定されるため、避難所の滞在期間は1カ月を目安とする。

（2）学校は体育館や武道場などを使い、教室は使用しない

指定避難所の多くを占める学校については、学業に支障が出ないよう教室を使わず、体育館や武道場などを使う。

（3）幼稚園、保育園などの小規模施設は使用しない

幼稚園や保育園など収容人数が100人未満の小規模施設や民間施設はできるだけ使わない。避難元の役所は職員をそれぞれの避難所に派遣するため、効率性を考えて極力避難者を分散させない。

（4）1人2平方メートルで計算

避難所の収容可能人数の算定にあたっては、避難先の基準を用いることとするが、1人当たりの面積が2平方メートルを下回らないこととする。

問題の「一人二平方メートル」は、最低限の基準という扱いになっているが、各市町村に配

布されたエクセルシートの調査票は、避難所ごとの収容可能面積を入力すると、自動的に二で割って収容人数が算定される設定になっていた。これでは事実上「一人二平方メートル」で一律に算定していることになる。

ちなみに、各市町村が策定する防災計画に関して、指定避難所の避難者一人あたりの専有面積は国の法令で定められていない。かつては畳一枚分にあたる「一・六二平方メートル」や、今回の原発避難計画と同じ「二平方メートル」という市町村が多かったという。しかし、国際赤十字などが二〇〇〇年に災害・紛争時に設ける避難所の最低基準を「三・五平方メートル」とする「スフィア基準」を策定。避難所の生活環境に対する関心の高まりも相まって、基準となる面積を広げる市町村が増えていったという。

さらに、新型コロナウイルスの感染を防ぐため、人と人との間で二メートルの距離（ソーシャルディスタンス）を取るには、一人あたり四平方メートルの確保が求められる。茨城県でも自然災害を担当する防災・危機管理課が二〇二〇年五月、一人約五平方メートルの計算となる避難所のレイアウトを公表した。だが、これは原発避難計画に反映されていなかった。

また防災計画で「一人二平方メートル」以外の面積を基準として採用している避難先市町村では「ダブルスタンダード」の状態が生じている。なぜ原発避難計画だけが「一人二平方メートル」なのか、納得できる説明は思いつきそうにない。これでは、できるだけ表沙汰にしないことでやり過ごそうとする動機（モチベーション）が働くのも無理はない。策定プロセスを解明するまでの道のりが果てしなく、困難なものになると直感した。

トイレや倉庫が居住スペース？

これまでに手掛けた調査報道の定石通り、役所への問い合わせや情報公開請求と並行して、「原発」「避難計画」「二平方メートル」などのキーワードで、国会や関係する自治体議会の議事録を検索した。避難計画の策定に関する役所の公表範囲と公式見解を特定するのが目的だ。すると、二〇一八年九月一四日の茨城県議会防災環境産業常任委員会で興味深いやりとりを見つけた。江尻加那（かな）県議（日本共産党）はこの年の七月に実施された東海村から取手（とりで）市への避難訓練によって明らかになった、ある「矛盾」について県の担当者に尋ねた。

「避難先は、取手市だけではなくて守谷（もりや）市とつくばみらい市、三市が東海村の受け入れ先ということになっているのですが、訓練が行われた取手市のある中学校は、収容人数が九〇一人ですが、同じ避難先になっている守谷市では、いくつもある避難先の中学校はだいたい収容数が四〇〇人ぐらいなんですね。同じ中学校の体育館を避難先としているのに、取手市では九〇〇人、守谷市では四〇〇人ということで、この東海村民に配られているガイドマップになぜこれだけの差が出ているのか、課長は分かりますか？」

東海第二原発がある東海村のホームページを見ると、確かに「東海村広域避難計画ガイドブック」という住民向けの資料がアップされていた。避難先三市の避難所計七〇カ所の地図や設備、収容人数などが掲載されており、訓練で使われた取手市立中学校の欄を見ると、確かに「収容人数九〇一人」とある。一方、守谷市の中学校はだいたいが四〇〇人ほどだ。長期に及ぶ原発避難の特性を踏まえて、学校については体育館や武道場しか避難所に使わないことになっているはずだ。体育館や武道場の面積が中学校によって大きく差があるとは考えにくく、収容人数に二倍以上の開きがあるのは不可解だった。

山崎剛・原子力安全対策課長はこう答弁した。

「県のほうで避難先と想定される市町村に、居住スペースとして活用できる避難所の面積を出していただきたいというお願いをいたしました。あくまでも居住スペースでございますので、トイレとかそういったスペースは外して数字を出していただきたいということをお願いしておりました。その市町村から出された数字をもとに、一人二平方メートルという形で割り振って、それぞれの避難先で受け入れていただくことが可能な人数を算出したうえで、それぞれ市町村にお願いしたという経緯でございます」

なぜ中学校間で収容人数に大きな差があるのか、その理由を聞かれているのに、収容人数の算定方法を一般論で答えている。こんな答えでは納得できるはずがない。江尻県議は自ら解答を明かしたうえで、さらに質問を重ねた。

「今の課長の説明から言いますと、取手市はまだトイレや倉庫は除いていない人数になっています。取手市の訓練先だった中学校は、体育館や武道場合わせて全部の総延べ床面積が一八〇〇平方メートルなので（一人）二平方メートルで割って九〇〇人。まだこういう計算になっています。一方の守谷市は、課長がおっしゃったように、そういうものは除いて本当に避難所として使える体育館のアリーナだけを出しているので四〇〇人ぐらいとなっているんですね。取手市の担当課に伺いますと、再計算の必要があるということをおっしゃっています。ですから、取手市に二万三五〇〇人、東海村民が逃げていくということは、今の時点でこの数字は成り立っていない。実効性がないんじゃないかと思います。この見直しをきちんと進める、もしくは東海村だけではなくて一四市町村に同じようなことが残っていると見受けられます。水戸市も含めて、もう一度、再点検、見直しをしていただきたいと思いますが、いかがでしょうか？」

再調査の要請に対して、山崎課長はこう答えている。

「県のほうでも一四市町村のほうにその辺の状況を確認いたしまして、もし必要があれば、まず市町村同士で、避難元の市町村と避難先の市町村さんで、これをどうするのか、ほかにも受け入れスペースがないのかどうか、こういった協議をしていただくということになると思いますけれども、そのうえでその市町村でやはり受け入れられないということがもしあれば、これは県のほうで、その周辺の市町村に受け入れをお願いするなどの人数調整をしていくことを考えてございます」

県による状況確認や、市町村間の協議などの前提条件を付けてはいるが、再調査したうえ、避難所不足が生じる場合には調整する、という趣旨にしか受け取れない答弁だ。この日の委員会では、井手義弘県議（公明党）も「一人二平方メートル」という算定基準と併せて、避難所の滞在期間を一カ月間とする想定の妥当性について追及している。

「なんで二平方メートルなのか理解ができない。基本的には原子力災害ですから、一回出てしまえば、一カ月で戻れるということはほぼ想定できないくらいのことになるのではないかなと。そうすると、二平方メートルなんてこんな感じですよ。私なんか収まるかどうかも分からない。その想定自体も私はかなり無理があるのではないのかなと。はじめから（スフィア基準の）三・五平方メートルで計算して出してもらったらどうですかね。それでできなかったら、再稼働しないという結論を出せばいいんだから」

まったくの正論だ。フクシマ後の避難生活の実態を思えば、一カ月で戻れるはずもないのは明らかだ。また、わずか二平方メートルのスペースで一カ月も暮らし続けることなど不可能だ。要は茨城県の策定基準が「机上の空論」だと指摘しているのだ。

これに対して、山崎課長はこう答弁している。

「二平方メートルとしたのは、この面積を広げた場合には避難先がかなり遠くなってしまうということもありまして、できれば県内、そして隣接する県の市町村で受け入れできるようにしたいという考えがございまして、そういったこともあって二平方メートルとしたということもございます。もう一つは、実際に福島原発の事故のときの避難、県外に避難なさった方のうち避難所に実際行かれた方の率など、推計ではありますが、それを見るとだいたい七割となっております。従いまして、東海第二原発で事故が起こったときに、一〇〇パーセントの人が避難所に行くことはおそらくないだろうという考えもあります」

つまり、一人あたり二平方メートルに抑えなければ避難所の収容人数が減ってしまい、さらに多くの避難所を確保しなければならなくなるというのだ。見過ごせないのは、混乱を極めたフクシマの避難の教訓を、「全住民が避難所に行くことはない」という楽観論にすり替えていることだ。これでは「全住民分の避難先を事前に確保しておく必要はない」ということになりかねず、どこまでも杜撰な計画になる恐れも出てくる。

自然災害と原発の両方を所管する県防災・危機管理部の服部隆全部長も以下のように述べ、一人二平方メートルの算定基準を正当化している。

「原子力災害関係の二平方メートルの問題ですが、確かに居住スペースとして十分ではないかもしれませんが、まずは九六万人（当時）の避難先を確保しなければならないという別のミッションもございまして、できれば県内、そして近隣県に確保していただいて、一週間ないしは長くとも一カ月だけはとどまっていただいて、その間に仮設住宅なりアパートなりを用意するということで頑張っております」

つまり、避難先を茨城県内か近隣にとどめるためには、一人二平方メートルという基準を採用せざるを得ない、という趣旨だろう。

とはいえ、トイレや倉庫といった避難生活に使えないスペースまで含めて収容人数を過大算定するのは論外だ。これでは一人二平方メートルという「最低限の基準」さえ確保できていないことになる。また、避難所を出た後に仮設住宅やアパートなりを提供する準備を本当にしているのだろうか。それなら事前に空き家や空き部屋の調査もしなければならないはずだ。

この一週間後、九月二一日の予算特別委員会では、山中泰子県議（日本共産党）が「有効面積の再点検をして、その結果に基づいて県、市町村の避難計画を見直す必要があると思いますが、見直す考えがおありでしょうか?」と、今度は大井川和彦知事に直接見解を尋ねている。

これに対して、大井川知事は当初、「県としても必要な支援を行っている」などとして、明確に答えなかった。だが、山中県議から「イエスかノーか答えてください」と迫られ、最終的には「居住可能でない部分が避難所に含まれていたという事実について、一四市町村に対して今後確認していきたい。そのうえで避難所のやりくりについて、関係市町村と連携しながら早急に調整する」と答えている。

この議会でのやりとりから、以下のように推察された。

（1）二〇一八年以前に茨城県が避難先（三〇キロ圏外）市町村の避難所面積を調査した
（2）取手市はトイレなどの非居住スペースを除かずに収容人数を過大算定していた
（3）県議会での指摘を受けて、県は避難所の面積を再調査（再点検）することにしただが、茨城県のホームページを探しても、それらしい調査結果が見つからない。この三カ月後に県議選があったのも影響したのか、その後の県議会の会議録を探したが、再び議論された形跡はなかった。

それにしても、県議会で知事が再調査を約束しながら、その結果はおろか、実施したかも定かではないというのは、にわかには信じがたい。とにかく茨城県原子力安全対策課（原対課）に直接確かめる必要があった。

第五章　避難所は本当に確保できているのか

茨城県の担当者がついたウソ

二〇二〇年八月一二日、ＪＲ水戸駅からバスに乗り、家電量販店やチェーンの飲食店など郊外型の店舗が並ぶ幹線道路を約二〇分走って茨城県庁を訪れた。茨城県庁は一九九九年に旧市街地の水戸城跡地から移転された二五階建ての高層ビルで、周囲には新興住宅地と田畑が広がっている。

県知事が議会で再調査する意向を明らかにしたにもかかわらず、調査結果はおろか調査したかも定かではない不可解な状態にきな臭さを感じていたが、この段階ではまだ、避難所の過大算定問題が調査報道の突破口になるとまでは確信していなかった。そのため、過大算定の問題以外にもいくつかの質問を携えて、茨城県原子力安全対策課の取材に臨んだ。

取材に対応したのは、富嶋稔夫・原子力防災調整監と若い課長補佐の二人だった。事務机越しに向かい合って座ると、富嶋氏が「ご著書は読みました。水戸支局では部下に情報公開請求をさせたりしていたそうですね」と声を掛けてきた。

「ご著書」とは、私が二〇一八年に上梓した前著『除染と国家――21世紀最悪の公共事業』（集英社新書）を指している。この本には、茨城県内で保管が続く指定廃棄物（原発事故で汚染された廃棄物）を追った支局記者の報道を収録している。

富嶋氏の「けん制」からは、情報公開請求に対する嫌悪感のみならず、私の取材に対する強い警戒感が伝わってきた。何か調べられたら困ることでもあるのだろうか。

序盤は慎重に聞き取りを進めた。県の避難計画と市町村の避難計画の関係性、避難計画策定を支援する内閣府の関与など、すでに公表されている事柄も併せて、一つひとつ確認していった。

取材開始から一時間ほど過ぎたところで、「取手市の収容人数の問題はどうなりましたか?」と切り出すと、二人の表情に明らかな動揺が浮かんだ。

若い課長補佐が慌てた様子で、「そこ（トイレなどの非居住スペース）は入っていないよね、と自治体に確認しまして。（取手市は）入っていたようなので、違う施設に組み替えたりしながら、改めて今やってもらっているところです」と答えた。要領を得ない説明だ。不審に感じたため、過大算定問題について質問を続けた。

——取手市だけが誤っていたのですか？

「そうですね……、はい……。我々も最初からそういうところ（非居住スペース）は除いてくれという話はしていて、誤ってしまったと……。今さら話してもあれですが。改めてそこは控除して受け入れ人数を調査してもらっていると」

——県議会では「（三〇キロ圏内の）一四市町村に確認します」と答弁していましたね。文書で調べたのでしょうか？

「文書かどうかはあれですが、（体育館のうち居住スペースとなる）アリーナだけ、居住スペースかどうかの確認をしてくれと」

——一四市町村に問い合わせた？

「そうですね……、はい……。避難元自治体のほうには避難先の施設や面積などのデータがありますので」

――報告書とかありますか？

「電話で聞き取りしたような話なので、報告書みたいなものがあるかといえばございませんけれども……」

――いつ、どのような形で確認したのか、文書で残していないのですか？

「………」

現職知事が県議会で公言した調査を口頭で済ませ、結果をまとめた文書も残していないなど考えられない。課長補佐が答えに窮しているのを見かねて、富嶋氏が横槍を入れてきた。

「問題ないという報告だけは口頭で受けたんですけどね」

取材から数日後、茨城県のホームページにアップされていた奇妙な調査報告書を見つけた。タイトルは「指定避難所の立地及び生活環境等に関する調査結果について」だった。二〇一九年三月一三日にアップされており、タイミングから見ても、県議会でのやりとりと関係がありそうに思えた。

だが、発表していたのは原対課ではなく防災・危機管理課。内容も市町村の避難所全般に関するもので、「原発」や「東海第二」の文言はなく、県議会で問題になった「非居住スペース」の扱いにも触れていなかった。

すぐに「これが県議会の答弁を受けた調査なのでしょうか？」と電話で問い合わせると、原対課長補佐はあっさり「ああ、そうです」と認めた。だが、原発避難計画や非居住スペースに触れていない理由を尋ねても、ごまかすばかりでまともな答えが返ってこない。それどころか、なぜ文書で調査していたことを隠したのかを尋ねると、「ウソなんかついていませんよ」と抗弁する。

数日後、今度は富嶋氏から私に電話がかかってきた。

「今後は対面や電話の取材はお断りする。すべて文書・メールにしてください」

この取材には大きな収穫があった。担当者たちの不誠実な対応によって、この過大算定問題の中に彼らが隠さなければならないものがあると確信できた。

二〇一八年九月の県議会で取手市の過大算定を指摘された後、原対課は密（ひそ）かに避難所面積の調査をしたのだろう。非居住スペースについて尋ねなかったとは考えにくい。調査した原対課が答えないのであれば、調査を受けた市町村に尋ねるほかない。

二回の面積調査が判明

ところで、一般的な学校の体育館で、宿泊や滞在に使える居住スペースは建物総面積の七〜八割とされる。県議会で問題になった取手市の中学校は体育館と武道場の総面積が計一八〇三平方メートルだった。「一人二平方メートル」だと収容人数は九〇一人になる。しかし、居住スペースだけで算定すると、面積は計一二六八平方メートルとなり、収容人数は六三四人。二六七人も減る。

過大算定が発覚した取手市では、受け入れ先に予定している三三カ所のうち二九カ所が公立学校だった。居住スペースだけに限定して再計算したところ、収容人数は市全体で二万二〇〇〇人強から一万七〇〇〇人弱となり、六〇〇〇人分近く減少していた。東海村は収容人数ギリギリの避難者数を見込んでおり、一人二平方メートルでも避難所が不足する計算になる。

東海村は二〇二〇年に入り、県から避難先に割り当てられた取手市、守谷市、つくばみらい市（いずれも茨城県）と水面下で協議を再開。避難所不足の解消に向けて、追加できる施設の洗い出しに着手していた。

茨城県内全四四市町村のうち、避難先となる三〇キロ圏外は三〇市町村もある。非居住スペースを除かず、収容人数を過大算定していたのは取手市だけなのだろうか。

避難先の市町村に問い合わせても、「記録が残っていない」「県に聞いてほしい」などと、はっきりした答えが返ってこない。それでも、諦めずに問い合わせを続けたところ、茨城県が市町村に送った避難所面積の調査照会を入手した。

照会文の日付は二〇一八年一〇月四日。県議会で取手市の過大算定問題を指摘されてからわずか三週間後だ。照会文の右上にあったクレジット（作成元）は、防災・危機管理課と原対課の連名になっている。やはり原対課も関与していた。そうだとすれば、東海第二原発の避難計画についても触れているはずだ。

市町村が入力するエクセルシートの調査票も入手した。避難所ごとに「総面積」と、そこからトイレや廊下などの非居住スペースを除いた「居住スペース」「原子力災害時に使用する広さ」の面積を入力するよう求めていた。

県議会での指摘を受けてだろう。避難所の多くを占める体育館の模式図が添付されていた。これによると、居住スペースに分類されるのは、中央のアリーナや卓球場、剣道場、トレーニング室などだ。一方、倉庫やトイレ、玄関などは含まれないことを示していた。

以下のような説明もあった。


屋内面積の算出にあたっては、避難者が居住するスペースとすることを念頭に次の点に留意願います。

（避難者一人あたりの占有面積を2平方メートルとした場合、屋内面積とした面積を2で割ることにより避難可能人数を算出します。）
・原則として、下図の太枠とした施設の面積を対象として算出願います。

市町村への問い合わせをさらに続けていると、茨城県が二〇一三年八月にもほぼ同様の避難所調査をしていた事実をつかんだ。県が保有している国民保護法に基づく避難施設のデータベースから避難所を抽出し、その面積を答えるよう市町村に求めてきたという。

この際の照会文と調査票も入手した。市町村が面積を入力するエクセルシートの調査票の区分欄に目を奪われた。

「居室（和洋室を問わずシートなどを敷かずに居住できるスペース）a」
「教室・会議室等　b」
「体育館　c」
「その他左の項目（筆者注：a〜c）以外で居住スペースとして活用できる部分　d」
「その他（居住スペースとしては活用できない面積）e」

「居住スペース」という言葉はあるものの、原発避難計画で避難所の大半を占める学校の体育館の欄には、居住スペースに限定するよう求める指示が書かれていない。取材時点からさかのぼって七年も前の資料なので確実ではないが、二〇一八年の再調査では添付されていた体育館の模式図も付いていない。「これでは市町村が体育館の総面積を書き込んでも不思議ではない」と直感した。

さらに、茨城県が市町村の防災担当者を集めて避難計画に関する勉強会を断続的に開いていたこともつかんだ。二〇一三年一一月一四日の勉強会では、避難先市町村ごとの収容人数一覧表が配布されている。取手市の収容人数は二万二四三四人と書かれていた。取手市の過大算定は二〇一三年の調査の際に生じていたのだ。

過大算定が疑われる市町村はほかにもあった。同僚記者と手分けして避難先市町村への問い合わせを続け、二〇一三年と二〇一八年の二回の調査への回答や、避難所ごとの面積や収容人数、算定方法まで詳細に聞き出していった。聞き出した避難所の面積や収容人数のデータは、市町村が公表している地域防災計画なども参考に、市町村ごとにエクセルのシートにまとめていった。情報公開請求などで新たな調査データを入手すると、新たな列を設けて追加で入力していく。面積や人数の変化を可視化し、過大算定が疑われる市町村を特定するのが狙いだ。避難先三〇市町村の中には、一〇〇を超える避難所がある市もあり、膨大なデータを入力していった。

茨城県は過大算定を知っていた

茨城県内の避難先市町村に対する問い合わせ取材を地道に続けていると、取手市以外にも過大算定をしていた市町村が浮かび上がってきた。ひたちなか市の避難先になっているかすみがうら市は収容人数が八二一八人から六六六五人に減少したことを認めた。ほかにも、同じくひたちなか市の避難先である小美玉（おみたま）市や、水戸市の避難先である八千代町（やちよまち）などが過去に過大算定していたことを認めた。

小美玉市の取材では、茨城県原対課に対して新たな「疑念」が生じた。

二〇一七年六月の市議会で、市議会議員から「ひたちなか市から一万五〇〇〇人を受け入れると聞いている」との質問を受け、小美玉市の担当者は「受け入れ人数は九〇〇〇人で調整している」と答えていた。また、ひたちなか市との避難協定締結（二〇一八年三月）後の九月の市議会では、後任の担当者が「教育施設や運動公園の体育館、文化施設のホールを中心に八八一〇名の避難者を受け入れることにしている」と述べていた。

だが、二〇一三年に配布された市町村ごとの収容人数一覧表では、小美玉市の収容人数は二万二六一一人となっている。そんな余裕をもった避難者数を割り当てるとは考えにくい。過大算定を是正して収容人数が減少した結果、ひたちなか市が避難者の割り当てを減らさざるを得なくなったものと推理された。

小美玉市に問い合わせたところ、推理の通りだったことが判明した。市が保管していた資料によると、二〇一六年一月時点での収容人数は約一万八〇〇〇人だったが、直後に体育館のトイレや玄関などを除いて居住スペースだけで算定をやり直したところ、八八〇〇人に半減したのだという。小美玉市の担当者が同年九月、収容人数が半減したことをメールで県原対課に伝えたところ、ひたちなか市から割り当ての半減を提案されたという。

この話が事実なら、二〇一八年九月に県議会で指摘を受けるより二年も前に、茨城県は過大算定の問題を認識していたことになる。


茨城県が以前から過大算定問題を認識していたことを疑わせる情報はほかにもあった。

前述した通り、茨城県の橋本昌前知事は二〇一六年三月二八日の記者会見で、茨城県内の受け入れ分を約四万人減らして四〇万人とし、県外分を五六万人に増やすと発表している。

その際、三〇キロ圏内にある大洗町の避難先を茨城県外に変更すると説明したが、大洗町の人口は約一万八〇〇〇人（当時）。残る二万数千人はどこの市町村の住民で、どこからどこに避難先を変更するのかを明らかにしていなかった。

茨城県のホームページで公表されていた記者会見録によると、橋本前知事は「例えばある市では、指定避難所の見直しによって受け入れ可能数（収容人数）が減少してしまった。そうした避難所の見直しで約三万人。それから大洗町の避難先としていたところが、ほかの市との調整などで、町民全員をまとまって受け入れる余地がなくなってしまった」と述べていた。

これも茨城県内の避難先市町村のどこかが非居住スペースを除外して算定をやり直した結果、収容人数が大幅に減ったことが原因と疑われた。

避難計画について内閣府と茨城県などが話し合う非公開会議の文書にヒントがあった。避難計画をめぐっては、内閣府と関係自治体の担当者が非公開で話し合う会議が設けられている。橋本前知事の記者会見の約三カ月前、二〇一五年一二月一七日の会議録に、以下のような記述があった。

> 茨城県から、茨城県内で計画していた大洗町の避難先の受け入れ可能数に変化が生じたため、大洗町の住民は県外へ避難させることに計画を変更することのほか、（中略）水戸市の避難は小学校区単位で考えており、避難者の受け入れ規模が小さい多くの市町への分散避難を避けるため、これを前提に調整を進めたい旨説明した。

どうやら水戸市の避難先で収容人数が二万人以上減少したようだった。だが、茨城県内における水戸市の避難先は九市町もある。問い合わせても、「記録が残っていない」「分からない」

との答えが返ってくるばかりで、なかなか特定ができなかった。それでも諦めずに取材を続けていると、避難計画の策定に長く関わっている関係者から貴重な情報を得られた。

二〇一五年九月、福島県が東京電力福島第一、第二原発の避難計画を策定するため、茨城県を通じて県内の市町村に避難所面積を照会したところ、つくば市と古河（こが）市が二〇一三年調査時よりも少ない収容人数を回答したという情報だった。

すぐに福島県原対課に問い合わせたところ、この情報が事実だと裏付けられた。茨城県を通じて提供された茨城県内の避難所一覧表のうち、つくば市と古河市の分だけほかの市町村とは異なる独自の様式が使われており、収容人数がそれぞれ一万五八三三人と二万二八八一人となっていた。二〇一三年調査の数字と比べると、二市合計で二万四〇〇〇人分が減少している。

減少の理由は過大算定の是正以外に考えられない。茨城県原対課から福島県に提出した資料なのだから、二〇一五年には過大算定（避難所不足）の問題を認識していたはずだ。それから五年余りが経っているのに、茨城県はこの問題について何も明らかにしていない。解決しないまま放置しているのではないかと疑わざるを得なかった。

ヒアリングの実態

最初の二〇一三年調査で過大算定していた茨城県内の市町村はどのぐらいあったのか。そして二〇一八年再調査で何が明らかになったのか。全体像を把握しなければ記事の掲載までたどり着けない。地道に問い合わせを続けていると、同僚記者が避難先市町村で興味深い情報を聞き込んできた。

二〇一八年一一月、茨城県内全市町村の担当者が県庁に呼び出され、非居住スペースを取り除いて避難所の面積を出しているのか、ヒアリングを受けたというのだ。

茨城県がヒアリング結果をとりまとめた「居住スペースの確保状況」によると、三〇キロ圏外にある避難先三〇市町村のうち、非居住スペースを「除外している」と答えたのは土浦市や古河市、つくば市など二〇市町村。一方、「除外していない」と答えたのは取手市や牛久(うしく)市、かすみがうら市など一〇市町だった。

しかし、二〇一三年調査で過大算定していたのが、一〇市町だけだったとは断定できなかった。このヒアリングが、原発避難計画に関するものか、それとも市町村の防災計画に関するものか、また、いつの時点で非居住スペースを除外していなかったのか、あるいは除外したのかなど、厳密に条件を設定せずに実施されていたためだ。

例えば、取手市と小美玉市はいずれも二〇一三年調査では「除外していない」面積、つまり建物総面積を回答したが、誤りに気づいたため、二〇一八年調査では「除外した」面積を回答している。ところが、ヒアリングに対して、取手市は「除外していない」と答え、小美玉市は「除外している」と答えている。ヒアリングが厳密性を欠いているため、回答にも一貫性が見られない。実際にヒアリングを受けた市町村の担当者たちも「原発避難計画のヒアリングだとは思わなかった」「ざっくりしたことしか聞かれなかった」などと証言した。

これは推測になってしまうが、少なくとも原対課にとって、このヒアリングは適正なプロセスを装うアリバイづくりが目的だったため、あえて厳密に調べることなく、曖昧な聞き取りで済ませたのではないだろうか。もし厳密に調べようとすれば、前回調査時の「誤り」「手落ち」についても確かめる必要が生じるからだ。

形ばかりのヒアリングではあったが、収容人数を過大算定していた市町村が相当数に上ることは間違いなさそうだ。茨城県にヒアリング資料を情報公開請求した。

ところで、避難所は地震や水害などの自然災害でも使われる。たとえ県から指示がなくとも、市町村は自発的に避難所面積と収容人数を正しく把握しておくべきだ、という指摘もあるだろう。確かに一理ある。だが、自然災害においては避難所の収容能力が問われるような事態はごくまれだ。また、原発事故は人為災害であり、（不明確ではあるが）対象範囲（三〇キロ圏内）に住む全住民分の避難先を確保する建前になっている。その場合には、避難先の自治体はあらかじめ収容能力を把握しておくことが前提となる。だが、被曝を避けるため遠くに離れることが避難の目的となる原発事故において、避難所に入るのは「他所」からの避難者だ。これでは自発的に収容能力を把握しておく動機（モチベーション）など働きにくい。

「廃棄済み」を理由に不開示の資料も

二〇二〇年一一月に入り、これまでに出していた情報公開請求に対する回答が茨城県から次々と届いた。

余談になるが、調査報道における情報公開請求とは、本来明らかにするべき情報（文書）を開示するのか役所に判断を迫る意義があると考えている。裏返せば、役所が隠蔽したい事実の特定にもつながる。

こじつけとしか思えないような理不尽な理由で不開示にされた場合、隠蔽の意図があると評価できる。だから、内部関係者から独自に入手した資料についても、証拠隠滅をされないようタイミングを見計らいつつ、あえて情報公開請求をするよう心掛けている。役所が隠蔽したい内容や意図をあぶり出すことができるからだ。

茨城県が二〇一八年一〇月に実施した再調査の照会文のほか、県内全四四市町村が提出した回答は開示された。

前述したように、県が送った照会文には、避難所の多くを占める体育館について、避難所面積に含まれる居住スペースと、それ以外のスペースを分類する模式図が添付されている。また、回答のエクセルシートは、避難先の市町村が、避難所の面積について「総面積（トイレ、廊下等含む）」、「居住スペース」、「原子力災害時に使用する広さ」という三つの欄に数字を入力する様式になっている。

こうした資料の体裁を踏まえると、体育館の総面積からトイレなどの非居住スペースを差し引いた面積の数字を出すよう求めている調査の趣旨を何となく理解できるものの、明確な指示は書かれていない。また再調査の実施に至った経緯や理由の説明もない。さらに、学校は教室は使わず体育館や武道場だけを避難所として使うといった避難計画を策定する前提条件も記載されていない。最初の調査から五年も経っているのだから、市町村の担当者も多くが替わっているだろう。これではどう回答したらよいか分からず、市町村の担当者が困惑するのも無理はない。

実際、市町村が提出した回答を見ると、牛久、坂東の両市は調査の趣旨を理解していなかったと思われ、三つの欄に体育館の総面積と思われる同じ数字を入れていた。また、つくば、古河の両市は、教室なども含んでいるとしか思えない過大な数字を入れていた。

さらに一つひとつの避難所まで詳細に見ていくと、実態を無視して過大な収容人数を見込んでいるケースも散見された。

坂東市の総合文化ホール「ベルフォーレ」は、七〇〇席の固定椅子が並ぶ音楽ホールと本棚が並ぶ図書館が中心で、避難者が横になれるスペースは楽屋や和室などわずかにもかかわらず、収容人数が三四二二人になっていた。また潮来市の市立図書館は、市の防災計画では収容人数が一八三人となっているが、回答では約九倍にあたる約一七〇〇人になっている。施設の実態を考慮することなく、機械的に収容人数をはじき出している疑いが浮かんだ。

この回答は原対課から避難元の市町村に送られ、避難元市町村はこれをもとに避難者を割り振ったはずだ。こんないいかげんなデータをもとに避難者を割り振ったのだろうか。

一方、二〇一三年調査の資料は、文書の保存期間（五年）が過ぎて廃棄済みであるとして不開示だった。だが奇妙なことに、「過去の資料を探索したところ、開示請求されている文書の関連文書と思われる別添の文書が発見されたことから、ご参考までに資料提供させていただきます」として、市町村に送った照会文の一部など計五枚の文書が不開示決定通知書に同封されていた。

だが、照会文の一部なのだから、「関連文書」ではなく請求した文書そのものだ。原対課から事前に説明はなかった。なぜ情報公開制度に則った開示ではなく、任意の資料提供として送ってきたのか、まったく意味が分からない。

こんなやり方がまかり通れば、開示したくない文書や情報だけ省いて、公開した体裁を取れることになり、情報公開制度を骨抜きにしかねない。もし実際には廃棄していないのだとしたら、これはただの隠蔽である。そもそも避難計画が完成していないのに、策定の基礎となる調査資料を廃棄してよいはずがない。いずれにしても、これまでに経験したことがない悪質な対応だった。

さらに、原対課が二〇一三年から市町村の防災担当者を集めて不定期で実施している勉強会の資料もすべて不開示だった。その理由は「保存期間が過ぎて廃棄済み」だからではなく、

「他の地方自治体との検討、協議に関する情報で、公にすると率直な意見交換が不当に損なわれるおそれがある」ためだった。

前述したように、原対課が各市町村の収容人数をまとめた資料を勉強会で配布していたことを取材でつかんでおり、「二〇一三年調査資料」か「勉強会」のいずれかの情報公開請求に対して、当初の避難所面積および収容人数のデータが開示されると見込んでいた。しかし、一方を「廃棄済み」、もう一方を「検討情報」と、異なる理由で不開示にするあたりを見ると、不開示の「結論ありき」で理由をこじつけたと考えるほかない。到底納得できるものではなく、茨城県情報公開・個人情報保護審査会に審査請求（不服申し立て）を提出した。

避難元市町村に直撃取材

次のステップは三〇キロ圏内の避難元市町村への直撃取材だった。少なくとも二回にわたって調査データを茨城県から受け取り、それをもとに避難者数を割り振っているのだから、避難元市町村も過大算定について一定程度は認識しているはずだった。

二〇二〇年一一月上旬～中旬、避難先のやりくりに苦心していると思われる、ひたちなか市、東海村、那珂（なか）市、水戸市の四市村を順番に訪れた。

一一月九日、まずはひたちなか市(人口約一五万五〇〇〇人)の市役所を訪れた。ひたちなか市は二〇一九年二月に開いた住民説明会で、避難先市町村ごとに設置する「基幹避難所」でいったん避難者を受け付けし、周辺の各避難所の空き具合に応じて行き先を指示するという運用方法を示していた。これなら個々の避難所ごとに収容人数に収まるよう避難者をあらかじめ割り当てる必要がない。いざ事故が起きたとして、全住民が市の用意する避難先に行かない前提にはなるが、避難所不足をカバーする「苦肉の策」だと推察された。

ひたちなか市の避難先は、茨城県南部の一四市町村と千葉県北部の一〇市町という広大な範囲に及ぶ。前述したように、ひたちなか市の避難先である小美玉市や、かすみがうら市が二〇一三年調査で過大算定していたことを、これまでの取材でつかんでいた。過大算定の市町村はほかにもあり、深刻な避難所不足が生じているのではないかと見込んだ。

生活安全課の課長と、長く策定に携わっている担当者の二人が取材に対応した。「トイレや倉庫を除いた居住面積、有効面積を二(平方メートル)で割って収容人数を出していますね?」と質問をぶつけると、担当者はわずかに苦笑した後、「そうですね。当初からそういう考えだったかは、そこははっきりあれですけれども……」と言葉を濁した。

——ひたちなか市の県内避難先は二〇一四年の発表では一二市町村でしたが、その後、鹿嶋と神栖の二市が加えられて一四市町村になっていますね？

「小美玉市で受け入れ可能人数が一万人ぐらい減ったことがありまして、それで県に『新たな避難先をお願いできないか』と相談したところ、鹿嶋と神栖が加わりました」

——すごい数が減りましたね。これはなぜですか？

「えーと……たぶん学校の統廃合だと思うのですが……」

——かすみがうら市ですが、二〇一三年の収容人数が八二一八人だったのが、二〇一八年には六六六五人になったと聞きました。

「その、こちらとして、六六〇〇人になりそうだと聞いたことはありましたが……、かすみがうら市さんから、新しい施設ができたりして、七〇〇〇人ちょっとの受け入れは可能だというお話だったので、こちらで（避難者の）割り振りを変えるとかの対応はしていなかった」

——かすみがうら市の収容人数が減った理由は何ですか？

「確か……。これも……、何でもかんでも統廃合になってしまいますけど……、そういう話だったと思います」

収容人数が減った理由をすべて「学校統廃合」に押し付けてしまう「公式見解」が役所間で共有されているのだろうか。そうだとすれば、過大算定を隠す以外に理由は考えられない。

――もう分かっておられると思いますが、私たちはこれまでに取材を積み重ねています。もう一度聞きます。収容人数が減った理由は何ですか？

「…………」

――県が行った二〇一八年再調査で収容人数が減ったことは知っていますね？

「……修正したというのは聞きました……。うちとしても把握はしています……」

――当初からどう変わったのですか？

「一四市町村のうち三つほど減ってしまったという結果をもらっています……」

――それはどこですか？

「小美玉市とかすみがうら市と牛久市です」

――小美玉市は当初から一万人も減少していますよね。学校体育館の収容人数はせいぜい五〇〇人。学校統廃合だけで減ったとしたら、小美玉市内だけで二〇校も廃校になったことになります。そんなことはあり得ないでしょう。居住スペースだけで収容人数の算定をやり直したから大幅に減ったのではないですか？

「結果的にそういうことです」

取材の最後に課長がこんなことを吐露した。

「（二〇一八年）再調査で変わったからといって全部ぐちゃぐちゃにするというわけにいかないので、これまで（市民に）説明してきた内容で調整するしかない。説明しきれない部分があるのも事実ですが、『実は避難所が不足しています』とは言いにくい」

一一月一一日、日本原子力発電東海第二原発が立地する東海村（人口約三万八〇〇〇人）の村役場を訪問した。避難先は茨城県南部の取手、守谷、つくばみらいの三市。このうち取手市で過大算定が発覚して避難所が不足しており、水面下で避難所の追加に向けて調整しているのをこれまでの取材でつかんでいた。

役場の入り口に置かれていた原子力関係の配布物の中に、見覚えのあるものを見つけた。二〇一八年九月の県議会で取り上げられた「東海村広域避難計画ガイドブック」だ。避難先三市の避難所計七〇カ所の地図や設備、収容人数がまとめられている。村のホームページにアップされていたPDFファイルはダウンロードしていたが、実物を見るのは初めてだった。ガイドブックの表紙には「案」と書かれた赤い丸印が押されていた。作成した後になってこれが確定版ではないことを示す必要があったのだろう。

取材に応対したのは、防災原子力安全課の課長以下三人の担当者だった。うち一人の名前に見覚えがあった。茨城県原対課からの出向者だった。全域がPAZ（原発五キロ圏内）の東海村の避難計画に対する茨城県の高い関心がうかがえた。

東海村の避難計画は不可解な経過をたどっていた。

東海村は二〇一六年三月には村内の地区ごとに避難先を示したガイドブック、五月には避難計画案を作成した。同月には村内六カ所で住民説明会を開催し、山田修（おさむ）村長は「二〇一六年度中の計画策定を目指す」と表明している。しかしその後、二〇一七年三月二九日に取手、守谷、つくばみらいの三市と避難協定を結んだものの、計画そのものは未策定になっていた。ほかの避難元市町村は先に避難先市町村と協定を結んだ後、計画やガイドブックの作成に移る流れだが、東海村は順序が逆になっている。

東海村が二〇一六年五月に公表した全二六ページの避難計画案には、村内の地区（行政区）

ごとに決められた避難先の市や避難所だけではなく、収容人数や避難者数まで書き込んだ一覧表が盛り込まれている。だが奇妙なことに、収容人数を避難者数が超えている「キャパオーバー」の地区が三〇のうち一七もある。村全体で見ても、収容人数三万七七二八人に対して、避難者数三万八四〇九人と「キャパオーバー」していた。つまり二〇一八年に取手市の過大算定が発覚する前から避難所が不足していたのだ。そこに取手市の過大算定が発覚し、避難所不足がさらに深刻化したということになる。

課長は「(村の全人口)三万八〇〇〇人がそのまま三市に行く可能性はあるが、(親戚の家などに向かう)縁故避難も考えられる。キャパシティ(収容人数)に対して受け入れ人数(避難者数)が下回っているのが理想ですが、限られた施設数の中で割り振ると、多少そういうこともあり、致し方ないのかな」と話した。

「全員分の避難先を確保する考えがあるのでしょうか?」。基本的な方針を確認すると、課長から「まあ理想で言えば、全数は確保していきたいとは思っています」と、何とも煮え切らない答えが返ってきた。

県議会で取手市の過大算定が発覚した後、東海村は水面下で新たな避難所確保のため調整していた。だが、発覚からすでに二年が過ぎているにもかかわらず、避難所の追加は公表されていない。追加できる施設が見つからないか、なし崩しにやり過ごそうとしているのか。そのいずれかだろう。

――取手市はどのぐらい収容人数が減ったのでしょうか？

「具体的には……。県に確認してからでいいでしょうか……」

――こちらでつかんでいる数字では、取手市（の収容人数）は一万六九八〇人になります。

「まあ、ニアリーです。一ケタレベルのあれ（誤差）です」

――減ることが分かった後、どうしましたか？

「茨城県も入って三市と調整しています。県有施設もあるので、活用できるところを洗い出してもらっています」

――現状はどこまで進んでいますか？

「県からリストが来たので調整を進めています」

――避難所不足は解消できたのでしょうか？

「リストが来たのが最近なので、そこまで詰め切れていない。もうつかんでいると思いますが、一月に打ち合わせをした後、県からなかなか返事が来なかったのですが、一〇月になって三市に追加の照会をかけたりして、施設の上乗せがあった。それでカバーできるのではないかと」

――そもそもこれは取手市のミスなのでしょうか、誰の責任なのでしょうか？

「責任の所在を明確にしようとは思っていません」

――不足が判明した後、県も入って調整しているということは、取手市ではなく調査をした県のミスということなのでしょうか？

「まあ、そこは何とも。いろいろなファクトを見ていけば、結果論としてそうなるかもしれませんが、そこはこちらとしてはコメントしにくい」


県が突如として避難所を追加してきたのは、私たちの取材が進展しているのを察知し、不足の解消に向けて動くことで報道を抑えようとしているのかもしれない。だとすれば、避難所不足を隠す意図があるとしか考えられない。

変更されていた面積データ

三〇キロ圏内の自治体への連続取材によって、二〇一八年再調査で避難先市町村が茨城県に提出した回答の一部に「変更」が加えられ、避難元市町村に送られていた事実が判明した。

那珂市（人口約五万四〇〇〇人）の避難先は茨城県西部の筑西、桜川市の二市だけで、当初から収容人数はギリギリの状態だった。さらに桜川市は二〇一八年再調査で非居住スペースを除外していない体育館の総面積を「居住スペース」や「原子力災害時に使用する広さ」に書き込み、茨城県に提出した。ところが県から那珂市に送られたデータは、「原子力災害時に使用する広さ」が体育館の総面積の八割の数字に書き換えられていた。この変更は便宜的に非居住スペースを除外する趣旨だと考えられた。

変更の結果、収容人数が大幅に減少し、約二二〇〇人分の避難所不足が生じた。那珂市は水面下で避難先二市と協議を始め、県の基本方針では使わないはずの幼稚園や保育園も追加する方向で検討していた。那珂市の担当者は「これでも足りるかといえば難しい」と明かした。

水戸市（人口約二七万人）の避難先は、茨城県西部の九市町（結城市、古河市、下妻市、坂東市、常総市、つくば市、八千代町、境町、五霞町）のほか、栃木、千葉、埼玉、群馬四県の広大な範囲に及ぶ。

茨城県原対課から水戸市に送られた二〇一八年再調査のデータも一部が変更されていた。前述したように、坂東市は非居住スペースを含む建物の総面積だけを回答しているが、水戸市に送られたデータは、「原子力災害時に使用する広さ」が総面積の七割の数字に書き換えられていた。

また、つくば市と古河市の「生回答」は、一部に教室の面積なども含んだと思われる過大な数字が入っていたが、これらもすべて変更されていた。

茨城県から開示された「生回答」を見せると、水戸市の担当者はしばらく絶句した後、こうつぶやいた。

「こんなことをしていたらうまくいくはずがない。ふざけるなって話ですね……」


同じころ、二つの大きな収穫があった。

一つは、茨城県原対課が二〇一八年再調査の結果をまとめた一覧表「避難所面積調査結果状況（二平方メートル確保状況）」を入手したことだ。一覧表には避難先市町村ごとに収容人数（キャパ）と避難予定者数、および過不足状況まで記載されていた。

避難所不足が生じていたのは、取手市（六五五三人）、牛久市（三八二一人）、かすみがうら市（四九九人）、小美玉市（三七四人）、桜川市（二一九五人）、下妻市（二四〇七人）、八千代町（五二五人）、潮来市（一五一二人）の計八市町で、計約一万八〇〇〇人分の避難所不足が生じていた。

その後の取材で、牛久市の回答も総面積の六割の数字に変更され、ひたちなか市に送られていたことが判明した。そのため四〇〇〇人近い避難所不足が生じていたのだ。

この一覧表はあくまでも二〇一八年再調査を集計したものであり、最新の状況ではない可能性もある。また、つくば市や古河市など過大算定が疑わしい市町村はほかにもあったが、二〇一三年調査における過大算定を是正した結果として、少なくともこれだけの避難所不足が生じていることを茨城県原対課が認識している証左と言えた。

もう一つの収穫は、情報公開請求によって内閣府から開示された膨大な資料だった。

避難計画の策定を支援する内閣府原子力防災担当（当初は原子力災害対策担当室）は二〇一三年以降、茨城県など原発が立地する自治体と非公開の会合を重ねていた。こうした会議体は二〇一四年度までは「地域ワーキングチーム」、二〇一五年度以降は「地域原子力防災協議会」の名称が付けられている。

二〇二〇年一二月、「東海第二地域ワーキングチーム」の配布資料と議事録が開示された。第一回会合は二〇一三年一一月二七日にテレビ会議で、第二回会合は二〇一四年九月二六日に原子力規制庁で開催された。会場が規制庁なのは、内閣府原子力災害対策担当室の職員は当時、原子力規制庁と併任していたためだ。

珍しいことに、第二回会合の議事録はすべての発言を記載している逐語録だった。しかも黒塗り（不開示）の部分がない形で開示された。原発避難計画に対する国の考え方があらわになる興味深い内容だった。これは第七章で詳述したい。

配布資料の中には茨城県内の避難所一覧表が含まれており、それぞれの学校体育館の面積や、二で割って機械的に算定した収容人数もすべて記載されていた。二〇一三年調査をもとにした数字だと思われ、茨城県から開示された二〇一八年再調査の「生回答」や、各市町村がホームページで公表している学校体育館の総面積と見比べることで、過大算定の市町村をさらに特定できた。

初報の掲載に向けた材料がそろった。次のステップは問題の「本丸」とも言える茨城県原対課への再取材だ。

第六章　隠蔽と杜撰のジレンマ

茨城県が激しく抵抗

取材開始から半年が経ってようやく記事化の目途が立った。その前に避けて通れないのが、茨城県原子力安全対策課への直撃取材だった。

二〇二〇年一二月一〇日の午後、茨城県原対課に電話をかけ、山崎剛課長に面会したい旨を伝えたところ、二時間ほどして私の携帯電話に山崎課長から直接電話がかかってきた。山崎課長はいきなり、「あなたのしつこい取材で市町村が困っている。そんな取材を受ける必要はない！」と怒鳴り立てた。

役所が嫌がる調査報道をしていると、こうした対応は珍しいものではない。努めて冷静を装い、「取材拒否ということでしょうか？」と尋ねると、山崎課長は「違う！　面会取材を受けるつもりはない。メールで十分だろ！」と、さらに激高した。

だが、山崎課長は一方的に電話を打ち切ることはせず、同じようなことを怒鳴り続けている。どうやら、ただ逆上しているわけではなさそうだった。面会取材は受けたくないが、一方的に電話を打ち切って取材拒否してしまうと、記事の内容をコントロールできなくなるため、文書のやりとりで取材を済ませようとしているようだ。おそらく何を報道されるのか分かっていて、できれば記事の掲載を回避したい、それができないならば、なんとか穏便な内容に落ち着かせたい目論見なのだろう。

だがこの場合、文書のやりとりでは十分な追及ができない。一方で、山崎課長の直撃取材を回避すれば、記事にした後になって「弁明の機会を与えられなかった」と抗議してくるのは目に見えている。互いに引き下がれず、同じようなやりとりの繰り返しが一時間以上続いた。

膠着状態を打開するため、普段は決して伝えない事実をあえて伝えた。

「この電話のやりとりはすべて録音しています」

ずっと怒鳴り続けていた山崎課長が一瞬黙り込んだ。しばらくして、こちらが事前に質問状を提出することを条件に、面会取材に同意した。

二〇二〇年一二月一五日、およそ四カ月ぶりに茨城県庁に足を踏み入れた。今度は山崎課長と富嶋氏、課長補佐の三人が対応した。

原対課の隣にある会議室に案内され、事務机を挟んで着席するや、富嶋氏が「事前に質問状をいただき、ありがとうございます。それでは、こちらに沿って、まず……」と、勝手に取材の進行を始めた。すかさず「こちらから質問します」と進行を遮り、主導権を渡さなかった。

まずは情報公開に関する質問から始めた。前述したように、二〇一三年調査の資料は「保存期間五年の文書で廃棄済み」として、また原対課が市町村の担当者を集めて行っていた勉強会の資料は「公にすると率直な意見交換が不当に損なわれるおそれがある」として不開示にされた。そして二〇一三年調査の資料については、照会文の一部など五枚の文書だけが「関連文書」として不開示決定通知書に同封されていた。だが、五枚の文書は「関連文書」ではなく、請求した文書の一部だ。なぜ情報公開制度に則って開示せず、制度から外れた形で一部を提供してくるのかが理解できない。そもそも避難計画がまだ完成していないのに、策定の基礎となる調査や会議の資料を廃棄するとは信じられない。

――廃棄済みで不開示とされた文書ですが、実際に廃棄したことを示す記録はありますか?

富嶋「それは……」

――「関連文書」として提供された文書ですが、これは情報公開請求した当該の文書だと思います。

山崎「普通、役所では決裁があるので、それに関係する文書がくっついている。ただ今回はその決裁文書が付いていなかった」

――だとすると、当該の文書だと分かっていたわけですね？

山崎「そうじゃないかと思いました」

――これが請求した文書かどうかを確かめる問い合わせを私は受けていません。

山崎「していません」

――情報公開制度の運用としておかしいとは思いませんか？

山崎「当該文書とは認識していませんよ。決裁文書が付いていないので、本当にそうかは分からない。だから任意と断ったうえで出しました」

――でも、条例上は情報公開請求の対象となる「行政文書」ですよね？

山崎「そうですね」

――だったら、任意の提供ではなく、開示すれば良いのではないですか？

山崎「いや、本当の文書か分からないから。そこは手違いで、私のミスということで」

「隠したい文書があるから、それを取り除いて情報提供しました」と自白するはずもない。これ以上問い詰めても意味はないし、運用の誤りを認めさせればもう十分だ。次に勉強会の資料の不開示に話題を移した。

——現在も意思決定の途中だから、今公開すると支障があるということですか？

山崎「そうですよ」

——だとすると、決まったら出すということですか？

山崎「決まったら出しますよ」

——それはいつですか？

山崎「まだまだですね。課題がたくさんある」

——まだ計画が完成していないのに、五年で文書を捨ててもいいのですか？

山崎「んっ？　今どんどん前に進んでいますから」

——それだと永遠に文書を公開しないことになりませんか？

山崎「…………」

もちろん悪質な情報公開制度の運用ぶりを問題視する記事を書くための質問だが、相手にとって最も分が悪く、答えにくい質問から入ることで、取材の主導権を握る狙いがあった。

面積データを変更した理由

山崎課長はこの取材を二時間に制限しており、時間の余裕はなかった。主導権を握ったところで、いよいよ避難所調査の質問に移った。

――二〇一八年の再調査について質問します。原発の避難計画に関する部分はホームページで公表されていません。これはなぜでしょう？

山崎「以前に聞いていた収容人数よりも少ない市町村が出てきてしまいました。問題は少なくなった市町村がどう対応するかで、県のほうでそのまま上げる（発表する）ということではなく、（避難所を）上積みできないかということを働きかけました。結果的に足りるようになったときに公表するのかと思っています。あくまでも不足したということを市町村に認識してもらうための資料なので、その段階で県民に公表する必要はない」

呆れるしかないひどい開き直りだ。県議会で知事が公約した再調査を秘密裏に行ったところ、不都合な結果だったので公表していないだけの話だ。それを県民に知らせる必要はないと開き直っているのだ。だが議論をしている時間はない。そのまま取材を進めた。

――二〇一八年再調査は、避難先の市町村が避難所ごとの面積を書き込んで県に提出した後、原対課で変更して避難元の市町村に送ったという流れでよろしいですか？

課長補佐「はい、流れはそうです」

――どのような基本的ルールに則って変更したのでしょうか？

山崎「私の記憶では、市町村に全部来てもらって、ヒアリングをやって数字を修正したのでしょう」

――「総面積」、「居住スペース」、「原子力災害時（に使用する広さ）」の三つの欄に同じ数字を入れている市町村もありますが、ご存知ですか？

富嶋「はい」

――この場合はどうやって変更したのですか？　非居住スペースを除かないと居住スペースの面積は出せないですよね？

課長補佐「以前開示させてもらった文書の中に記入要領があったと思うのですが」

――これだけだと分からないから総面積だけを答えている市町村があるのでは？

課長補佐「…………」

――非居住スペースを除外していない市町村で、例えば桜川市は一律八割、坂東市は一律七割の数字に変更して、それぞれ避難元の那珂市や水戸市に送っていますね。これは県のほうで変更したということですね？

富嶋「（桜川市が）八掛けになっているのは認識していますが、理由は……。確認のうえで回答します」

そろそろ核心を突く頃合いだ。あの一覧表に関する質問をぶつけた。

――二〇一八年再調査の後、「避難所面積調査結果状況（二平方メートル確保状況）」という一覧表を作りましたね？　ここには避難先市町村ごとに収容人数と避難予定者数、差し引きした過不足の数字が並んでいます。これは公表していますか？

その瞬間、富嶋氏の表情が歪むのが見えた。

富嶋「公表はしていないです」

山崎「事前に質問をいただいたので調べたところ、確かにそういう表はありました。先ほど申した通り、想定していた収容人数よりも少なかった場合に避難元と避難先で協議してもらうための調査なので、こういった資料は作成して当然です。（市町村に）配って当然だと思うのですが、どの市町村の範囲に渡したかは分かりません。ただ協議するための資料なので、避難元一四市町村か、あるいは足らないという結果に限って出したか、どちらかだと思います」

――確認ですが、この一覧表は二〇一八年の再調査を受けて、県で（収容人数を）変更した数字をとりまとめたものですね？

山崎「だと思います。それ以外には調査はありませんから」

課長補佐「それを一枚で集約しています」

――非居住スペースを除外していないところは、除外した面積を出して算定したということですね？

課長補佐「そうです」

――そうすると、先ほどの桜川市の八割は便宜的に非居住スペースを除外したということですね？

山崎「その可能性があります」

――過不足状況の欄で八市町に「▲」印が付いている。これは避難所が不足しているということでしょうか？

富嶋「そういう理解で結構です」

――不足分の調整はどうなっているのでしょうか？

富嶋「東海村は足りていません。ひたちなか市は足りそうという話でしたが……」

二〇一八年再調査で非居住スペースを除外して算定をやり直した結果、三〇キロ圏外の八市町で避難所不足が生じていることを認めた。これで初報を載せるために必要な最低限の取材はできた。それでも策定プロセスの解明に向けて、さらに質問を続けた。

――橋本前知事が二〇一六年三月の記者会見で、県内の受け入れを四万人減らすと発表しました。この避難元は大洗町と水戸市ということでよろしいでしょうか？

富嶋「橋本前知事も『ある市』と言っているので、これ以上のことは申し上げられない」

――避難先のつくば市と古河市で収容人数が減ったからではないのですか？

山崎「この市じゃないかというのがあったので問い合わせましたが、当時のことは分からないということで裏付けが取れなかった。お答えできません」

――茨城県はこの問題をいつ認識したのでしょうか？

山崎「この質問があったときに。というか質問があった経緯ですね」

――県議会で取手市の問題を指摘されて気づいたということですか？

山崎「そうですね。それまでは気づかなかった。市町村同士で協議していますから。市町村同士で修正していたというのはあると思いますが、県で話を聞いたことはなかった」

――小美玉市が二〇一六年九月に、避難所面積を精査したら収容人数が半減したことを県に報告したと聞いています。これは記録に残っていませんか？

山崎「把握していません」

――山崎課長は当時原子力防災調整監でしたね。小美玉市の話を聞かなかったのですか？

山崎「聞いていません。私の前任者が退職した後も再任用で残っていて、彼が全部やっていたので」

この時点で避難計画の策定は七年も続いている。記録を残して引き継ぎ、そして公表して外部の検証を受けなければまともなものができるはずがない。そんな基本的なことが分かっていないのか、あるいは分かっていて、意図的に公表していないのか。

――こんな事態になった原因は、二〇一三年の最初の調査で県が非居住スペースを除くよう指示しなかったからではありませんか？　少なくとも文書では指示した形跡が見えない。

山崎「その当時もヒアリングをしたとは聞いています。市町村に来てもらって、非居住スペースを入れていないか確認するため、ヒアリングをしたはずだと」

――それを裏付ける資料は残っていますか？

山崎「残っていません」

――二〇一八年再調査後のヒアリングでは、一〇市町が非居住スペースを除外していないと答えています。これは市町村側のミスなのでしょうか？

山崎「原因まで分析していませんが、なぜ数字が変わってしまったのか……。担当者が替わったので、スペースの考え方が変わったということもあると思います」

二〇一三年当時は県の指示で非居住スペースを除いていたけれど、市町村のほうでいつの間にか杜撰になっていたと言いたいのだろう。だが、そんな荒唐無稽な言い訳はとても信じられない。策定プロセスを公表すれば、こんな無様な事態は起きない。しかし策定プロセスを公表すると、外部からの検証を受けてしまい、避難計画がリアリティのない「絵に描いた餅」である実態が明るみに出てしまう。

避難計画に関わる役所の担当者たちは異口同音に「実効性のある避難計画を作っていく」とアピールするが、本心とは思えない。むしろ、自分たちが今作っているものが、「絵に描いた餅」だと分かっているからこそ、策定プロセスを隠さざるを得ないのだろう。

年末年始にかけて膨大な資料を分析し、初報の準備に取りかかった。掲載は二〇二一年一月三一日朝刊。一面トップで「東海第二避難所　一・八万人不足／二〇一八年時点／スペース過大算定」と報じた。住民心理の観点から原発避難計画を研究している広瀬弘忠（ひろただ）・東京女子大学名誉教授（災害リスク学）による「あまりにずさんで驚いた。経緯を公表しない姿勢からも、広域避難計画への本気度が感じられない」との指摘も併せて掲載した。また三面の特集コーナー「クローズアップ」では、「責任曖昧　ずさん算定／トイレ・倉庫も『居住』扱い／不足分県内やりくり躍起」と、水面下で苦心している市町村の様子を詳報した。

茨城県は二月一日午後、地元の記者向けに記者会見を開いた。報道を事実と認め、「現在も解消できていない避難所不足は、ひたちなか市と那珂市の避難先四市（牛久市、かすみがうら市、小美玉市、桜川市）の計六九〇〇人分」と発表した。非居住スペースを含めた過大算定について、「当時の担当者からは図面を示して確認したと聞いた。なぜ入ったか分からない」と釈明した。

過大算定が「温存」の疑い

二〇二〇年一二月一七日、茨城県に新たな情報公開請求をした。二〇一八年再調査で茨城県から避難元（三〇キロ圏内）の一四市町村に送られた「変更済み」の面積データだ。

牛久市、坂東市、桜川市のケースのように、非居住スペース分を除外するため総面積の六～八割を便宜的に居住スペースとしてはじき出したのであれば、厳密ではないにせよ、非居住スペースを除いて収容人数を算定するという再調査の趣旨に沿う変更と言える。

ところが二〇二一年一月三一日に初報を掲載した後、避難所不足が判明している八市町以外から、「うちは今も過大算定のままです」と取材に答える市町村が相次いだ。二〇一八年再調査で是正しきれておらず、過大算定が現在も「温存」されている疑いが浮上してきた。

「温存」には二つのパターンがあるようだった。

一つは、市町村が体育館の総面積を県に回答していたにもかかわらず、牛久市や坂東市のように居住スペースを便宜的に算定する変更がなされず、「生回答」がそのまま避難元の市町村に送られたパターンだ。

つくばみらい市や結城市、美浦村がこのパターンだった。三市村はいずれも、再調査後の茨城県のヒアリングに対して「非居住スペースを除外している」と回答していた。県原対課がこれをうのみにして、過大算定を見落とした可能性が高い。

もう一つは県原対課の「作為」が疑われるパターンだった。

つくば、古河の両市は二〇一五年、福島県からの照会を受け、二〇一三年調査時より計約二万四〇〇〇人分少ない収容人数を、茨城県を通じて福島県に提出していた。ところが茨城県が二〇一八年再調査の結果をまとめた一覧表では、計約二万四〇〇〇人分が再び増えて、ほぼ二〇一三年調査時の収容人数に戻っていた。いわゆる「先祖返り」を起こしていた。

情報公開請求によって福島県から入手した資料では、つくば市と古河市が二〇一五年に提出した避難所の居住スペースは総面積の七割で算定されていた。繰り返しになるが、二〇一八年再調査は居住スペースに基づき収容人数を算定し直すのが目的のはずだ。それなのに茨城県原対課は二〇一三年の過大算定のデータを引っ張り出し、それに書き換えた可能性がある。

つくば市議会の議事録に、茨城県の作為をうかがわせる答弁を見つけた。

二〇一九年三月四日の市議会一般質問で、受け入れ可能な人数を試算しているのかを問われ、市長公室長は「原発避難の収容人数の計算方法は、県内の統一した基準のもとの算出となります。それによると、共有スペースなどは考慮せず、一人あたり二平方メートルとされていますので、つくば市は約三万人という数字になります」と答えている。「共有スペース」とは、トイレや玄関、倉庫などの非居住スペースを指しているのだろう。それを「考慮しない」ということは、非居住スペースを含めて収容人数を算定している。つまり過大算定しているということになる。

原対課の担当者が過大算定と知りつつ、数字を書き換えたとすれば重大な問題だ。つまり避難計画が「絵に描いた餅」と分かっていながら、策定していることになる。この作為を裏付けるには、変更済みのデータを入手する必要があった。

県立高校の収容人数も過大算定

茨城県原対課の作為を疑わせる材料がもう一つあった。避難所に予定されている茨城県立高校の面積データだ。やはり公表されていなかったが、県立高校約六〇校（中高一貫校含む）の体育館や武道場などが避難所に使われる予定になっていた。

きっかけになったのは、筑西市の担当者が漏らした奇妙な情報だった。

筑西市の担当者によると、二〇一九年はじめごろ、茨城県原対課の職員が前触れもなく筑西市役所に現れ、市内にある県立高校四校の居住スペースの面積を伝えていったという。なぜ日時が不明なのか、本当に前触れがなかったのか、面積を伝えただけだったのか、多くの疑問が残る証言ではあったが、内容には信ぴょう性があった。

茨城県内で県立高校を指定避難所にしている市町村は多くない。指定避難所にしていない場合、市町村は県立高校の図面を持っておらず、県から照会を受けても体育館や武道場の面積を答えられない。確かに、すでに開示されていた二〇一八年再調査の「生回答」を見ると、避難所一覧に県立高校が載っていない市町村が多い。こうした場合、茨城県原対課が県立高校の面積データを書き加えて避難元市町村に送ったと考えられた。

　筑西市内の県立高校四校も指定避難所になっていない。原対課が筑西市に伝えた市内四校の居住スペースの面積は以下の通りだ。参考情報として公表資料から参照した体育館と武道場の合計総面積を併記する。

▽下館一高　1934㎡（2385㎡）
▽下館二高　2319㎡（2477㎡）
▽下館工業　1389㎡（1767㎡）
▽明野高校　1495㎡（1821㎡）

　原対課が筑西市に伝えた居住スペースの面積は、確かに合計総面積より小さい。だが牛久市や坂東市のように一定の割合にはなっておらず、どうやら便宜的にはじき出した数字ではないようだ。そうすると、図面をもとに算出した厳密な居住スペースの面積だろう。原対課は県立高校の居住スペースの面積データを持っていると思われる。

　分からないのは、筑西市以外には同様の情報を伝えられた形跡がないことだった。ここまで綿密に取材を重ねてきて、引っかからなかったとは考えにくい。もしかしたら、原対課は県立高校の居住スペースの面積データを持っているにもかかわらず、筑西市以外には伝えていないのではないか。だとすれば、避難元市町村に伝えられた県立高校の面積データは非居住スペースを含む過大算定の数字である可能性がある。これも変更後の回答が開示されれば、裏付けられるはずだ。

そして、県原対課が居住スペースのデータを保有していると仮定すれば、提供したのは茨城県教育委員会以外に考えられない。県教委にも問い合わせを繰り返したが、箝口令でも敷かれているのか、担当者は言葉を濁すばかりでまともに答えない。だが、「提出していない」とは言っていない。しつこく食い下がった。

二〇二一年二月、県教委の担当者が「原対課からの依頼で県立高校の居住スペースの面積データを提供した」と認めた。担当者によると、二〇一九年はじめごろ、県教委で保管している図面をもとに県立学校六九校（特別支援学校などを含む）の体育館や武道場の居住スペースや、合宿所など避難に使えるスペースの面積をまとめた一覧表「原子力災害時における県立高校の避難県民収容可能面積」を作成し、原対課に提出したという。

県教委への取材と並行して、避難所に使われる予定の県立高校にも直接問い合わせた。ホームページで公表されていた耐震関係の資料から体育館や武道場の総面積は把握しており、体育館のアリーナといった居住スペースの面積を尋ねた。

驚いたのは、県立高校の校長や教頭、事務長たちが、自分たちの学校が原発事故時の避難所に予定されていることを知らなかったことだ。「うちが原発避難計画の避難所？」「寝耳に水の話」「県教委からは何も聞いてない」と異口同音に驚いていた。

三〇キロ圏内に市の北側が入る鉾田市は二〇二〇年三月に避難計画を策定済みで、県立高校については、市内の二校と県立鹿島灘高校（鹿嶋市）の計三校を避難所として使う予定になっていた。ところが鹿島灘高の担当者は「県教委や鉾田市からは何の連絡もなく、私は個人的に鉾田市のホームページを見て初めて知った」と打ち明けた。

鉾田市の担当者に問い合わせると、「伝えたと思っていたが、伝えた記録が残っていない」と、何ともはっきりとしない答えが返ってきた。こんな有り様で、いざ事故が起きたとき、避難者を受け入れられるとは思えない。

裏付けられた「作為」

二〇二一年二月一八日、二〇一八年再調査における「変更」後の回答が茨城県から開示された。黒塗りはほとんどなく、ほぼ全面開示だった。これは茨城県が観念したというよりも、市町村が提出した「生回答」をほぼ全面開示しているため、変更後のものだけを不開示にする理由がなかったのだろう。

結論から言えば、変更や県立高校分をめぐって抱いていた「作為」の疑いはすべて裏付けられた。

つくば市、古河市、結城市、つくばみらい市、境町、阿見町(あみまち)、美浦村——の少なくとも七市町村が、変更後のデータでも非居住スペースを含む総面積で収容人数が算定されていた。独自に非居住スペースを除外して試算したところ、過大算定は計約三万人に上り、予定している避難者数を差し引くと、少なくとも計約一万五〇〇〇人分の避難所不足が生じる結果になった。茨城県が二月一日に不足を解消できていないと認めた六九〇〇人分と合わせると、不足は二万人分を超える。

二〇一八年再調査で是正した結果、避難所不足が生じた八市町と合わせて、避難先三〇市町村の半分にあたる一五市町村が過大算定をしていたことになる。

新たに過大算定が判明した七市町村のうち、結城市、つくばみらい市については、ヒアリングで「非居住スペースを除外している」と回答したため見落としたことを、原対課も認めた。

問題なのは、わざわざ総面積の数字に書き換えた、つくば市、古河市、境町——の三市町のケースだ。わざわざ過大算定の数字に書き換えた「作為」が疑われたからだ。

内閣府からすでに開示されていた二〇一四年当時の面積と、変更後の面積の数字を比べると、ピタリと一致する避難所が数多く見つかった。言うまでもなく、この数字は体育館や武道場の総面積の数字である。つくば市幹部が市議会で「県は共有スペースを考慮せず、一人二平方メートルで算定した」と答弁した通りだった。

また避難所に予定されている県立高校約六〇校についても、変更後の面積と「体育館＋武道場」の総面積を比べたところ、全体の三分の一にあたる二〇校でピタリ一致かあるいは近似していた。一方、県教委が提供した居住スペースだけの数字に変更されていたのは、やはり筑西市内の四校だけだった。

この不可解な変更の謎を解く説明は一つしかない。

過大算定をすべて是正すると、避難所不足が深刻になって、避難計画を一から作り直さなければならなくなる——。

これまで避難協定の締結時には、記者会見まで開いて避難先の確保をアピールしてきたはずだ。後になって実は確保できていないことが判明したのに、今度は発表しないというのでは、原発避難計画、ひいては役所に対する信頼など得られるはずもない。

これまで入手した証拠を総合して、「絵に描いた餅」と知りつつ数字をいじった作為の疑いが裏付けられた。だが、取材の窓口になっていた富嶋氏に問い合わせても、「記録が残っておらず、当時の担当者に尋ねても分からなかった」と、うやむやに答えるばかりで、作為については明確に認めなかった。本当に記録が残っていないのか、また本当に当時の担当者に問い合わせていたのかは確かめようがない。

このころになると、東海第二原発の避難計画について、持っている情報量が私と富嶋氏の間で逆転したように感じる場面が増えてきた。

例えば、県立高校の面積について問い合わせた際、富嶋氏が「実は私も土浦市内にある県立高校の面積をどのように算定したのか疑問に思い、（避難元の）ひたちなか市に問い合わせたのですが、分かりませんでした」と明かしたことがあった。シラを切るだけなら、ひたちなか市に問い合わせる必要はない。過去の資料が十分に引き継がれておらず、本当に知らないとしか思えなかった。基本的な作業すら満足にできていない状況に愕然（がくぜん）とする一方、それも無理はないとも感じていた。外部から検証を受けられるよう策定プロセスを公開しなければ、資料の保管や引き継ぎがおろそかになるのも当然だからだ。

だが、策定プロセスを公開すれば、避難計画が「絵に描いた餅」であることがバレてしまう。一方、公開しなければ、計画は果てしなく杜撰なものになっていく。そもそも地方自治体には本来、原発の避難計画を策定する動機（モチベーション）はないのだ。このジレンマを解決する方法はおそらく一つだけだ。原発再稼働を諦めることしかない。

水戸地裁判決と知事の戯言（たわごと）

二〇二一年三月一八日、周辺住民ら二二四人が東海第二原発の運転差し止めを求めた民事訴訟で、水戸地裁は「実現可能な避難計画及びこれを実行し得る体制が整えられているというにはほど遠い状態で、防災体制は極めて不十分」として、東海第二原発の運転差し止めを命じた。

避難計画の不備を理由とする原告勝訴の判決は初めてだった。

避難計画を争点と認める訴訟指揮ぶりを踏まえ、原告側勝訴の判決が言い渡される可能性が高いと以前から考えていた。だが、まさか一連の報道とタイミングが一致するとは考えもしなかった。

判決の論理（ロジック）は以下の通りだ。

まず、自然災害の発生は確実な予測ができないことから、放射性物質が放出されないという絶対的安全性の確保は困難であることを前提に、通常の品質管理といった第一の防護レベルから、放出による影響緩和を目的とした避難計画の整備といった第五の防護レベルまで、五層にわたる深層防護のいずれかが欠落または不十分な場合には安全とは言えないという判断の枠組みを定めた。

このうち第一～第四の防護レベルについては、「原子炉等規制法の定める許認可の要件に係る安全性があると認められる場合には、原則として欠落または不十分な点があるとは言えない」として、規制委の安全審査が適正に行われている前提で問題にはしなかった。

一方、オフサイトの安全に関する第五の防護レベルの達成については、実効性のある避難計画と遂行できる体制の整備を前提条件として示したうえで、東海第二原発の場合はＰＡＺ（五キロ圏内）の六・四万人、UPZ（五〜三〇キロ圏内）の八七・四万人（計約九四万人）の住民が無秩序に避難した場合、重度の渋滞を招いて短時間での避難は困難であり、全域の調整と合理的な避難経路の設定および周知が必要不可欠だと指摘。三〇キロ圏内一四市町村の避難計画を見ると、策定済みなのは人口の少ない五市町にとどまるうえ、この五市町の計画も、大地震などの自然災害による道路の寸断といった事態に備えた代替経路の確保といった検討課題が残されたままで、第五の防護レベルには欠落が認められると判断した。

役所がひた隠しにしているためやむを得ないが、判決は避難計画の策定プロセスについては触れていない。避難計画の実効性、いや信頼性の確認には策定プロセスの検証が不可欠だ。日本原子力発電は一審判決を不服として控訴しており、今回の調査報道は二審・東京高裁において審理の材料になるかもしれない。

私は四月九日、大井川知事の定例記者会見に臨み、これまでの調査報道で明らかにした過大算定の問題を直接問い質した。

大井川和彦知事

——茨城県の対応は妥当と言えるのでしょうか?

「避難する市町村と避難先の市町村との間で、(避難所の)居住できる面積を算定するという話で対応をお願いしていたわけです。でも、実は居住面積以外も含まれていたという指摘を県議会で受けて、また算定し直して、後になってその半分が実は総面積と分かりました。やはり県も間に入っていたとはいえ、十分な対応ではなかったのかなと今は感じます。すべての避難所について、総面積とか、要するに避難先としてふさわしくないところまで算定していないか再確認する予定で今、指示しています」

——全県的に調査をやり直すということですか?

「いやいや、公立高校はもう十分調査が終わっていますので、それ以外について再確認するということ。各市町村との関係ではですね、十分な面積を確保できたことになっているけれど、実際そうなのかというのを図面で確認するという意味です。避難先市町村にヒアリングします」

——二〇一三年と二〇一八年の調査は公表されていません。こうした不透明なプロセスが杜撰な避難計画につながっているのではないでしょうか？

「どういうところを避難所にしているかの公表については今後検討する余地があると思っている。良かったですか？　毎日新聞さん。特集組んだ価値がありましたね」

最後の捨て台詞の真意は分からない。ただ、真摯に実効性のある避難計画を策定しようと思っているのなら、こんな軽々しい言葉が出てくるはずはなかった。

第七章　「絵に描いた餅」

「藪の中」だった国の支援

自治体が担う避難計画の策定プロセスに、国はどのように関与しているのだろう。

規制委が策定した原子力災害対策指針に基づき、内閣府が避難計画を策定する自治体を「支援」する、というのが、一応の枠組みだ。

二〇一三年七月に新規制基準が施行され、原発再稼働に向けた動きが本格化すると、全国の原発周辺地域で避難計画の策定が始まった。内閣府は当初から、策定にあたる道府県と随時会合を催していたが、実務者間の会合はすべて非公開で、何を話し合っているのか、「支援」とは何をしているのか、明らかになっていなかった。

規制委と内閣府の役割を明確に分ける体制が固まったのは、二〇一四年一〇月に内閣府に約五〇人の専従職員で構成する原子力防災担当が新設されて以降のことだ。それまでは規制庁の職員が内閣府原子力災害対策担当室の職員を併任しており、シチュエーションに応じて立場を変えていた。だが、安全審査を通じて再稼働の可否を判断する規制委が、再稼働の前提となる避難計画の策定を支援するのは、ある種の「利益相反」にも思える。それだけではない。規制委が避難計画に関与すれば、安全審査の対象外としている理由が問われる。内閣府原子力防災担当を新設して、組織を分けることで、そうした批判を回避したものと思われる。

内閣府原子力防災担当の新設に伴い、避難計画の策定に関して自治体と話し合う会議体の名称が「地域ワーキングチーム」から「地域原子力防災協議会」に変更され、議事要旨がホームページ上で公表されることになった。だが協議会は、担当者間であらかた調整済みの決定事項を読み上げて確認するだけの儀礼的な場に過ぎない。一方、実務担当者による実質的な検討の場である作業部会は、発言者すら明記しない簡単な議事概要しか公表していない。

組織改編に合わせて、会議の公表をうたって透明性を上げたように装いながら、実際には巧妙に意思決定過程を見せなくするのは、規制委と同様の手法と言える。

日本原子力発電東海第二原発の避難計画を追う取材の中で、国の「支援」の実態が垣間見える貴重な資料が内閣府から開示された。それが第五章でも触れた「東海第二地域ワーキングチーム（WT）」第二回会合（二〇一四年九月二六日）の議事録だ。出席者の発言を漏れなく書き記した逐語の議事録で、しかも一カ所の黒塗りもなく開示された。

内閣府に情報公開請求したのは、この会合から六年後の二〇二〇年一〇月だった。前述したように、避難計画の策定に関する資料について、茨城県は「保存期間（五年）が過ぎて廃棄済み」として、七年前の調査資料を不開示にしたほか、「公にすると率直な意見交換が不当に損なわれるおそれがある」として、市町村との間で実施していた勉強会の資料を不開示にしている。残念なことに、情報公開と公文書管理の現行の制度では、こうした恣意的な不開示を完全に防ぐのは難しい。内閣府もいくらでも理由をこじつけて不開示にできるはずだったが、ありがたいことに、WT第二回会合の議事録は全面開示された。

近隣県にも「一人二平方メートル」で機械的な算定を要求

開示された議事録に基づき、東海第二地域WT第二回会合の中身を紹介していきたい。

会場は東京・六本木にある原子力規制庁九階の大会議室。計十数人が出席した。

国からは規制庁と併任している内閣府原子力災害対策担当室の参事官補佐と担当者、茨城県からは服部隆全・原対課長と担当者が出席した。そして、第一回会合（二〇一三年一一月二七日）にはいなかった近隣五県（埼玉、栃木、千葉、福島、群馬）の防災・危機管理の担当者も出席している。

議事録によると、NHK水戸放送局のカメラが開始前の会場を撮影する、いわゆる「頭撮り」をして退室している。確認はできなかったが、会合の開催について報じていたのかもしれない。

この第二回会合の五〇日ほど前、茨城県の橋本昌前知事が記者会見で茨城県内の避難先の割り振りを発表している。第二回会合は、茨城県内の「マッチング」が一段落したのを受け、県内で収まらない避難者の受け入れを近隣五県に要請するため開催された。

服部課長は「本県のUPZ（五～三〇キロ圏内）というのは、九六万人（当時）住んでおり、全員が避難する災害が発生した場合、全員を県内で受け入れるのは難しいことが分かりました。このため、隣接する五県には災害時の避難の受け入れについてご協力をいただきたい」と挨拶した。

続いて、茨城県の担当者が配布資料に基づき、「九六万人の避難先をどのように確保するか、基本的には（避難元から）三〇キロ圏内に確保する前提で、一人二平方メートルを基準に避難所の収容能力を算定したところ、茨城県内では四四万三〇〇〇人しか収容能力がないことが分かってきました。残る五一万七〇〇〇人については、福島県、群馬県、千葉県、埼玉県、栃木県にお願いしなければいけない状況です」と、具体的に説明した。

すると、内閣府（規制庁）の担当者がこう述べて、近隣県の担当者に積極的な発言を促した。

「参考までに、ワーキングチームについては非公開ということで決まっていますので、内容について、うちももちろんそうですけれども、具体的にこういう発言があったとかなんとかというのは一切外に出せない仕組みになっておりますので、よろしくお願いしたいと思います」

余談になるが、国の公文書管理法と公文書に関するガイドラインは、外部機関との重要な会議について会議録を残すよう義務付けている。担当者が勝手に会議録を非公開（不開示）と決めることなどできない。ルール無視を宣言する大胆さに呆れるが、原発の分野では当たり前のことなのかもしれない。

配布資料の中には、「東海第二発電所の原子力災害時における避難受入施設について（照会）」と題する、茨城県から近隣五県に宛てた一枚の照会文が含まれていた。

1．照会内容
（中略）茨城県と隣接する各県市町村が有する避難所の収容可能人数

【留意事項】

（1）避難所は、原則として市町村が指定する避難所とする。
ただし、施設の規模や施設の管理形態等により除外することができる。

（2）避難所の収容可能人数の算定に当たっては、受入県の市町村基準を用いることとし、その基準がない場合は1人当たり2・0平方メートル（有効面積）を目安とする。

（3）施設の屋内面積を屋内部分（a～fの6区分）ごとに記載する。
収容可能人数については、学校は教室を除き居室など居住スペースとして活用できる部屋とし、その他の公共施設（公民館等）は居室のほか会議室など居住スペースとして活用できる部屋とする。

2．回答方法
別紙「避難施設調査票」にご記入の上、担当あてメールでご回答をお願いします。

3．期限
平成26年10月31日（金）

茨城県が二〇一三年八月に県内で実施した最初の避難所面積調査とほぼ同じ内容だ。ただ、実際には記載通りの日程で調査は実施されず、二〇一五年度から始まっている。

四万二〇〇〇人の受け入れを求められた群馬県の担当者は、中部電力浜岡原発（静岡県御前崎市）の避難計画ですでに同様の調査をした経験を踏まえ、「（受け入れには）市町村の理解が得づらい実態がある。位置関係を見ると、東京都に要請してもよいのでは？」と、協力に難色を示した。これに対して、茨城県の担当者は「市町村の規模や避難所の状況によって協議し直すこともあり得る」とする一方、「それぞれの県さんで、市町村にどういった避難所があり、どのぐらいの受け入れ容量があるのか検討しなければ具体的な話にならない」と、改めて面積調査の実施を求めた。

福島県の担当者からは「我が県の避難計画では一人三平方メートルで計算している。二平方メートルで計算しなければいけないでしょうか？」と、収容人数の算定基準について質問が上がった。茨城県の担当者は「三平方メートルがベースということであれば、それをわざと二（平方メートル）に変えるということはない」と、独自基準による算定を認める一方、「福島県さんに数十万（人の受け入れを）お願いしようと考えており、三にするとはみ出してしまうこともあるかもしれません」と述べ、あくまでも割り当て分の受け入れを求めた。

その後、茨城県の担当者が調査票の詳細を説明した。

「ａからｆまでを足した面積が屋内面積ですね。総面積。その屋内面積のうち、例えば市民センターであれば、ａの居室、それから教室、会議室で使用可能なところを足し上げたものが面積。学校については、教室を除くということで、これを除いた体育館、ここ（見本）では数字が体育館しか入っていませんので、九四〇平方メートルが収容可能面積で、単純にそれを二で割ると、左側にある収容可能人数が出るという表でございます」

これまで述べてきたように、茨城県の調査票には、避難所の主力となる体育館について、トイレや倉庫といった「非居住スペース」の除外を求める記載がない。「なかった」ことを立証するのは、「悪魔の証明」と言われるほど難しいが、他県に受け入れを要請した議事録にも指示がないのだから、二〇一三年調査の際に非居住スペースを除外しているか市町村にヒアリングをした、という茨城県原対課の説明はやはり疑わしい。

会合では各県の担当者から、算定の現実味(リアリティ)を問う質問が相次いだ。

「面積を二で割って機械的に出した収容可能人数と、実際に受け入れられる人数は別物。どちらを算定するのか」（群馬県の担当者）

「（機械的に出した）収容可能人数が一〇〇〇人でも、校庭が狭くて五〇人分しか駐車場が確保できない場合はどうするのか」（埼玉県の担当者）

これに対して、茨城県と内閣府の担当者は「今のところ機械的にマックスで出す収容人数で考えている」「駐車場の問題は今後協議する」と答え、あくまでも避難所面積を二で割って機械的に出した収容人数を算定するよう求めた。

しかし、よく考えてみると、基本的に自家用車で避難する前提なのだから、駐車場のキャパを超える人数の受け入れはできない。そもそも、現実には受け入れられない収容人数などはじき出す意味はないはずだった。

「様式が細かすぎて、市町村のマンパワーでは対応できない」として、調査票の簡素化を求める意見も出された。この意見を反映したのか、その後、福島以外の四県で使われた調査票は、細かい区分をとっぱらい、すべてを合わせた「収容可能面積」だけを入力するものに簡素化されている。これを入力すると、二で割った収容人数が自動的に算定される仕組みだ。これでは適正な収容人数の算定など望むべくもない。二〇二一年四月以降、近隣五県の自治体に問い合わせたところ、「うちも体育館のトイレや倉庫の面積を除外していない」と答える市町村が相次いだ。

フクシマの教訓を矮小化

会合の中盤、東海第二原発の五〇キロ圏内に東側が入る栃木県の担当者がこう切り出した。

「とりあえず、茨城県に隣接していたところは（避難者を）受けるというような形になったとしても、そのＰＰＡ、プルームの流れによっては、当初受け入れる予定だった市町村が受け入れないよということでも、その辺は柔軟に対応しますということでよいのでしょうか？　栃木県は今、仮に九万何千（人）というような数字（受け入れる避難者数）になっていますが、予定していたところがダメということになれば、そのときはほかの県さんに避難するという理解でよろしいのでしょうか?」

PPA(Plume Protection Planning Area)という聞きなれない専門用語が入っている。簡単に解説したい。福島第一原発事故の発生直後、半減期の短い放射性ヨウ素を含む放射性雲(プルーム)が広範囲に拡散した。旧原子力安全委員会は二〇一二年三月二二日に公表した「『原子力施設等の防災対策について』の見直しに関する考え方について　中間とりまとめ」で、甲状腺被曝を防ぐ安定ヨウ素剤の服用が必要だった範囲が五〇キロまで及んだ可能性を認め、この範囲(PPA)について、被曝対策を講じるよう求めた。

つまり、栃木県はPPA(=五〇キロ圏内)に入る県の東側には放射性雲(プルーム)が届く可能性があると旧原子力安全委員会も認めているのを理由に、避難者の受け入れに難色を示している。ただ、どこまで栃木県が厳密に考えていたかは疑わしい。群馬県の発言と同様、何のメリットもない避難者の受け入れに消極的なだけかもしれない。それでも、安定ヨウ素剤を服用して屋内退避、あるいは避難しなければならないような状況では、確かに避難者を受け入れるどころではない。当然の主張とも言えた。

だが、内閣府（規制庁）の参事官補佐は「ＰＰＡのこれからの議論ですが、我々というか、規制庁の中の議論では、原則はプルームが来る恐れのある間、屋内退避をさせるというのが基本的な対策で、五〇キロ圏内の人を避難させるとかそういう話ではないと認識している」と答え、やんわりと栃木県の主張を退けている。

規制委は二〇一五年四月、原子力災害対策指針を改定し、ＰＰＡを削除した。

余談になるが、参事官補佐の「我々というか、規制庁の中の議論」という言い方が面白い。状況によって内閣府と規制庁の立場を使い分けている意識が垣間見える。

さらに、参事官補佐は以下のように補足している。内容が迂遠なうえに肝心な部分が文字起こしされていないので、趣旨を完全に理解できているか自信がないが、避難計画をめぐる国の本心があらわになっている発言だと思うので、あえて原文のまま紹介したい。

「放出する量、内蔵量とか決まっているわけですから、それがどの範囲にばらまかれるかということによって決まるって、それは決まっているので、避難すべき範囲というある程度、三〇キロ全域がおそらく・・一律に汚染されているんですね。・・避難というような状況になるというのは非常に考えづらい。それから、五月の末のほうに新しい規制基準に基づいた法律論の決定というのがありますから、それによりますと、福島のときの三分の一以下を・・いうことですので、福島のような・・・可能性は低いだろうということは、一応、規制庁としてはお示ししている。ただし、・・・の可能性は低くなっているので、非常にそういう可能性は薄くなっているので、大体・・・することは可能だろうということは言えるかと思います。ですから、・・方向に汚染が広がるということは、逆に言うと、それ以外の方向は汚染が小さくなるということになりますので、そういうことでは対応が可能かとは思っております」

これを最初に読んだとき、内閣府の情報公開担当者が黒塗りの代わりに、「・・・」と加工したのかと思い、担当者にそう尋ねたが、「最初から・・・の状態で、こちらでは何も手を加えていません。逐語の議事録なので、録音を文字に起こした際に発言を聞き取れなかったのだと思います」との答えが返ってきた。

この補足説明を要約すると、原発内にある放射性物質の量には限りがあるので、風に乗って一定方向に汚染が広がれば、それ以外の方向は汚染が広がらなくなる。だから三〇キロ圏内全域が一律に汚染され、全住民が避難するような深刻な事態は考えていない、ということだろう。こうした見解が広く公表され、国民の納得を得られていればよいが、公表資料を調べても見つけることができなかった。

見過ごせないのは、参事官補佐の発言に沿う政策決定が実際になされていることだった。「新しい規制基準に基づいた法律論の決定」という表現とは少々ずれるものの、発言が指していると見られる動きを見つけた。

二〇一四年五月二八日、規制委の定例会合で一つの試算が公表された。電気出力八〇万キロワット級の軽水炉が事故を起こした際に、放射性物質セシウム137が最大100テラベクレル放出されるという事故を仮想し、原発の周辺地域における被曝線量をはじき出した。

当時の発表によると、屋内退避や避難などの防護措置をしない場合、甲状腺の被曝線量（甲状腺等価線量）がＰＡＺ（五キロ圏内）の全域で安定ヨウ素剤服用に関するＩＡＥＡ（国際原子力機関）の判断基準（週50ミリシーベルト）を上回り、ＵＰＺ（五～三〇キロ圏内）の遠方の地域ではこれを下回る。一方、木造家屋に二日間屋内退避した場合は、ＰＡＺでは基準を上回る地点がある一方、ＵＰＺでは全域で下回るとした。

福島第一原発事故後に策定された防災指針では、事故が起きた際に、ＰＡＺは即時避難し、

ＵＰＺは一定の空間放射線量（毎時20マイクロシーベルト）を超えるまで屋内退避するという「二段階避難」を採用している。試算結果はこの運用方針に沿うものと言えた。

問題は、いったい何のために、なぜこのタイミングでこの試算を発表したかだ。発表文にはこんな記述があった。

原子力災害対策指針の考え方に基づき、関係自治体において、各地域の実情を踏まえて、地域防災計画の策定等が進められているが、原子力災害の様態は、事故の規模や進展の状況等によって多様であり、実際の原子力災害時には、状況等に応じて、柔軟かつ適切な対応が求められる。

このため、関係自治体において、リスクに応じた合理的な準備や対応を行うための参考としていただくことを目的として、仮想的な事故における放出源からの距離に応じた被ばく線量と予防的防護措置による低減効果について、全体的な傾向を捉えていただくための試算を行った。

「関係自治体において、リスクに応じた合理的な準備や対応を行うための参考」というのは避難計画を指しているのだろう。はっきり言えば、自治体が避難計画を策定できるよう、被害想定を緩和したということだろう。
東海第二地域WT第二回会合の議事録には、参事官補佐のこんな発言も残されていた。

「先日の、例えば鹿児島県のときの計画の資料のところにも記載がございますけれど、やっぱり何らかの事情で、例えば、その避難所が使えないから、そうなると、そこは当然柔軟にほかで対応するという考え方は、これは当然必要だと思っておりますし、あと、一方で、考え方として、UPZの避難の話につきましても、UPZで、じゃあ、本当に全域、全部が避難エリアになるかというと、現実的にはむしろホットスポット的な対応のほうが基本だというふうに思っておりますので、そうなると、UPZのほかの圏内で確保したところのエリア等を例えば回していくとか、そういう考え方もいろいろございますので、そういう中でいろいろと柔軟に対応していくというような話だというふうに我々思っております」

つまり、UPZのうち避難させる地域は一部にとどまるので、避難させなかった地域のためにあらかじめ確保していた避難先を「融通」できるというのだ。だが、普通に考えると、いざ事故が起きた後になって、避難先を変更するようなことができるとは思えない。もし事態が悪化して避難させるエリアが拡大した場合に、当初予定していた避難先が別の地域からの避難者ですでに埋まっていれば混乱するのは間違いない。

そもそも国から「事故時に避難先は融通できる」と言われて、自治体は真剣に避難先の確保に取り組むだろうか。

杜撰な計画は国のお墨付き

参事官補佐の発言の中にある「先日の、例えば鹿児島県のときの計画」とは、二〇一四年九月一二日に国の原子力防災会議で了承された九州電力川内原発（鹿児島県薩摩(さつま)川内市）の緊急時対応（避難計画）を指す。確かに、了承時の公表資料には「予定していた避難先の空間放射線量率が比較的高い場合や、何らかの理由で使用出来ない場合には、鹿児島県は関係市町と調整して、他の避難先を調整」との記述があった。だが、この簡単な記述だけでは、UPZ全域を避難させるつもりがなく、避難させなかった地域のために確保している避難先を融通できる、とまでは読み取れない。

それなら、議事録に残されている発言は、一担当者の「勇み足」なのだろうか。

まずは国会答弁をもとに、UPZの避難先確保をめぐる国の公式見解を整理した。

二〇一四年八月七日の衆議院原子力問題調査特別委員会で、斉藤鉄夫議員（公明党）が「PAZは避難先まで決めておくけれども、UPZはなぜそこまで決めておかないのか？」と尋ねたのに対して、規制庁の黒木慶英（よしひで）・放射線防護対策部長は「UPZについても一般の方がどこに逃げるかということは一応すべて決めております」と、斉藤議員の誤認識を正したうえで、「UPZについてはまず屋内退避を実施してもらい、その後、緊急時モニタリングの結果を踏まえて、避難や一時移転を実施していただくという建前です」と述べている。「一応」や「建前」という表現が引っかかるが、国の公式見解としては、あらかじめUPZも全住民の避難先を確保しておくということだろう。

一方、二〇一八年一一月一四日の衆議院内閣委員会では、内閣府の荒木真一・審議官が「全面緊急事態になった場合に、UPZの方々はまず屋内退避をしていただきます。さらに事態が悪化をし、放射性物質が放出されて、かつ放射線量が高くなった地区があれば、その地区を特定し、特定をされた地区の住民が一時移転等を行う際に（スクリーニングを）行うものでございます。そういったものでございますので、必ずしもＵＰＺ内の全住民が一斉に避難するわけではないということです」と述べている。

これらの答弁を総合すると、国の公式見解は「ＵＰＺはあらかじめ避難先をすべて決めておき、毎時二〇マイクロシーベルトを超えた地域の住民から避難させる」というもので、「一斉に避難するわけではない」とは言っているものの、「避難させるのは一部だけだ」あるいは「全域を避難させるつもりはない」とまでは言っていない、と解釈できよう。

そうすると、参事官補佐の発言はやはり、国の公式見解の範囲を越える個人的見解、いわば「勇み足」に過ぎないのだろうか。だが、参事官補佐の発言に沿うかのように、規制委は福島第一原発事故の実態をはるかに下回る試算を公表し、フクシマの反省を反映したＰＰＡを削除している。いずれも避難計画の策定を容易にするため、フクシマの教訓から生まれた「ハードル」を勝手に下げたようにも見える。だとすれば、一担当者の個人的見解ではなく、国は実際にＵＰＺ全域を避難させる事態を想定していないのではないか。

参事官補佐の発言の真意と影響を直接確かめなければならない。

まずは茨城県側の取材からだ。すでに退官していた服部元課長に話を聞くことができた。

――二〇一四年九月二六日に規制庁であった東海第二地域ワーキングチームの第二回会合に出席しましたね？　近隣五県の防災・危機管理担当者も招かれています。

「ああ、漠然とですが、覚えています。うち以外の関東の各県は原発を持っていないから、福島は別として、何というか、困惑して、大変な話が来たと思っている印象でしたね」

――この会合で避難者の受け入れと避難所の面積調査を依頼しましたね？　リアルに受け入れ可能な人数と、機械的に避難所面積を二で割った人数のどちらを出すのか尋ねられて、茨城県の担当者は「機械的に出してください」と答えています。

「他県にお願いをしたのはたぶん初めてだったと思うので、当時は突っ込んだお願いやきついことは言えないと思っていたのだと思います。茨城県の状況を理解いただく第一歩と思っていたので、まずは他県の皆様の話を聞いて、可能かどうか検討していくスタンスですね」

――その結果、茨城県内だけではなく、他県でも過大算定していた市町村が相次いで見つかりました。

「日野さん、熱心ですね。何が狙いですか？　何が言いたいのですか？」

――明らかになっていない避難計画の策定プロセスを掘り下げていったら、ここに至っただけです。そんなにおかしなことではないと思います。

「もちろん。でも内閣府のワーキングチームはオープン（公開）でしょ？」

――いえ、違いますよ。

「ああ、情報公開請求か何かで？」

――そうです。こんなやり方を認めたために杜撰を通り越して、数字だけを合わせたような避難計画の形になっていませんか？

「いや、私は杜撰とは思わない。まずは一歩進んで、その後議論して整理していくのが通常のやり方。いきなり一〇〇点は求められない」

――だとしたら、策定プロセスを公開して検証できるようにしないと、誤りを正すことはできないのではないでしょうか？

「何とも言いようがない。一般的にはゼロから進める作業を最初からオープンにしてやっていくことはない」


杜撰ぶりを口先だけ否定したに過ぎない。策定を進めながら改めていく必要性があったことを認めながら、策定プロセスの公開はできないというのだから、真摯に策定するつもりがあったとは思えない。

参事官補佐は元々総務省消防庁の官僚で、二〇二一年の取材当時は消防庁に戻っていた。六月二四日、消防庁に直接電話をかけたところ、幸運なことに本人と話すことができた。

――二〇一四年当時、規制庁と内閣府に併任で出向していましたね？

「そうですね、はい」

――東海第二原発の避難計画に関するワーキングチームの会議録にお名前がありました。

「ああ、出たことがあると思います。内閣府の推進官として行っていたのだと思います」

――七年も前のことで記憶も薄れていると思いますが、一度お会いして議事録の中身について確認したいのですが。

「えーと、個人的には構わないのですが、現状引き継いでやっている者もいますので、内閣府原子力防災（担当）のほうに話をしてもらって、そちらで私にも対応させてくださいということであれば。私が個人ベースで当時の仕事について対応することはできないので、まずは内閣府原子力防災（担当）のほうに話してください」

――そうすると（面会取材は）実現しないと分かっていて言っていますよね？

「ははは、でも議事録が残っているなら、私のそのときの記憶で、しゃべった以上のことがあったような気もしないですね」

――議事録を見ると、「UPZを全部避難させるつもりはない」と話しておられますが、国の公式見解ではここまで言っていませんね？

「いや、えーと、確か三〇キロ圏内は避難計画を作るけど、一斉に避難行動することはないと、一般的に言われていたと思うのですが」

――「一斉」と「一部」では意味が違いますよね？

「ああ……、実際、UPZの中で一部しかたぶん（放射性物質が）かからない場合とか……、福島でも三〇キロ全部が結果的に避難したわけではないですし」

――「UPZの避難所が何らかの事情で使えないとしたら、そこはほかで柔軟に対応するという考え方もある」とも話していますね。つまり、これは避難先を融通できるということですよね？

「私もそんなに記憶にないですが、万が一災害とかで、そこ（避難先）が使えなかったときには、ほかの避難場所を確保しないといけないということになっているので、従来ほかの地域で使う、ほかの地域用の場所を当面使うというのは、一概には否定されていないのではありませんか？」

――おっしゃる通りです。ですが、その理由が問題です。川内原発の緊急時対応では「何らかの理由で避難所が使えない場合」と書いてあります。「元々ＵＰＺは一部しか避難させるつもりがない」というのでは話がまったく違う。

「ああ……」

――そうは思いませんか？

「そこはあまり記憶にないですね。まだ二〇一四年なので、その辺の整理が十分ついていなかったのかも……」

――こんなことを言ってしまったら、ＵＰＺの避難先確保はおざなりでも構わないというメッセージで自治体に伝わりませんか？

「えーと、私も記憶が定かではないのですが、その辺のところが明確になっていなかったかも……」

東海第二地域ＷＴ第二回会合の議事録に残されていた参事官補佐の発言の妥当性について、

内閣府原子力防災担当にも正面から見解を求めた。仮に発言が国の真意に反しているのであれば重大な問題と捉えるはずだ。逆に、真意に沿っているのであれば、黙認するためうやむやな答えを返してくるはずだ。そして内閣府原子力防災担当からは予想通りの回答が返ってきた。

「指摘の発言はさまざまな対応を議論する過程のものであり、妥当なのかは評価しない。茨城県の対応にどうつながったかは分からないが、（茨城県による）避難所の確保にあたっては、十分な対応ではなかったという認識の下、現在は関係自治体と協力して避難所スペースの適正化に取り組んでいる」

国の担当者が非公開の会合で「機械的な算定で良いから収容人数を出して」「三〇キロ圏内全部避難させるつもりはないから避難先は融通できる」などと言っているから、こんな数字の辻褄すら合わせられない杜撰な避難計画ができているのだ。それがバレたからといって、「今度はしっかりやります」と言われても信用はできない。

原発の避難計画に詳しい広瀬弘忠・東京女子大学名誉教授に参事官補佐の発言をどう見るの

か尋ねると、明快な解説をしてくれた。

「あらかじめ確保していた避難先が使えなくなったからといって、いきなりほかの避難先に誘導することは不可能だ。事態が悪化して、避難範囲が拡大することも当然想定しなければならず、大きく構えるという災害対策の基本原則に反している」と指摘。そのうえで「福島のような事故は起きないと決めつけ、避難先の確保は杜撰でも構わないと国が認めたに等しい。担当者の個人的な考えではなく、国の考え方があらわになったものだろう」と批判した。

第八章　避難計画とヨウ素剤

ヨウ素剤の事前配布

第八章では、原発避難と密接に関係する「安定ヨウ素剤」をテーマに、役所の思惑を暴いていきたい。

事故初期の中心的核種である「ヨウ素131（放射性ヨウ素）」を体内に取り込むと喉仏の下にある臓器・甲状腺にたまり、内部被曝によってがんを発生させる恐れがある。放射性ヨウ素を吸引する直前にヨウ素剤を服用しておくと、放射性ヨウ素が甲状腺にたまるのを防ぐ効果があるとされる。

特に子供は甲状腺によるホルモンの分泌が活発で、よりたまりやすいとされる。旧ソ連のチェルノブイリ原発事故（一九八六年）では、通常は極めてまれな子供のがん患者が数多く見つかり、WHO（世界保健機関）などの国際機関も事故の被曝による住民の健康被害として認めている。

福島第一原発事故では、服用を指示するはずの政府や福島県が混乱。備蓄していたヨウ素剤を受け取り、服用できた住民はごく一部にとどまった。有効なタイミング（放射性ヨウ素に被曝する二四時間前から被曝後二時間までの間とされる）で服用できた住民はほぼ皆無と言ってよかった。

なお、国（規制委）は、四〇歳以上については甲状腺がん発症について有意なリスクの上昇は見られず、服用の有益性は低いとして、胎児や乳児への影響の恐れがある妊婦や授乳婦を除いて服用を勧めていない。一方、副作用などの有害性については、チェルノブイリ事故の際に大規模に配布されたポーランドの知見をもとに、「副作用が生じる可能性は極めて低く、服用しないことによる内部被ばくのリスクの方が大きい」と評価している。

ちなみにヨウ素剤の薬価は一丸（五〇ミリグラム）がわずか五円ほどと極めて安価なこともあり、「飴玉(あめだま)」と揶揄(やゆ)する関係者もいた。それにもかかわらず、医薬品医療機器等法において、ヨウ素剤はドラッグストアなどで市販されている「一般用医薬品」ではなく、医師の処方箋が必要な「医療用医薬品」に位置づけられている。

フクシマの反省を受け、規制委が新たに定めた「原子力災害対策指針」（防災指針）と「安定ヨウ素剤の配布・服用に当たって」（ガイドライン）では、PAZ（五キロ圏内）については、「避難の際に服用が必要」として、住民への事前配布を自治体に求めた。一方、UPZ（五〜三〇キロ圏内）については、事故後は屋内退避し、一定の空間放射線量（毎時20マイクロシーベルト）を超えた場合に圏外に避難する枠組みになっているのを理由に、事前配布ではなく、避難する途中で配布（緊急時配布）できるよう備蓄しておくことを自治体に求めた。いわば、避難とヨウ素剤の服用を「ワンセット」としたのである。

そして、規制委のガイドラインでは、住民への配布にあたり医師による説明会と説明書の配布を自治体に求めている。つまり、住民が勝手にヨウ素剤を用意できない仕組みになっているのだ。

だが、フクシマの混乱を思い返せば、事故発生直後に住民を集めてヨウ素剤を手渡す緊急時配布には首を傾げざるを得ない。日本医師会のシンクタンクである「日本医師会総合政策研究機構」は二〇一四年九月、「被災住民がすぐに避難行動に移れるようにすべきだ」として、PAZ外でもヨウ素剤の事前配布を進めるよう提言している。

当然、PAZ外の市町村からは事前配布を求める声が上がった。自治体によるヨウ素剤の購入費用は内閣府が所管する「原子力発電施設等緊急時安全対策交付金」（いわゆる「電源三法交付金」の一種）で全額が賄われるが、ＰＡＺ外で事前配布する場合は対象外だ。しかし、兵庫県丹波篠山市（福井県若狭湾岸の関電原発から約五〇キロ）や茨城県ひたちなか市（市域のほとんどが日本原子力発電東海第二原発のＵＰＺ内）は独自にヨウ素剤を購入し、事前配布に踏み切った。

ＰＡＺ外での事前配布を求める声は原発立地県からも上がった。東京電力柏崎刈羽原発が立地する新潟県の泉田裕彦元知事が急先鋒だった。二〇一五年二月には「ＵＰＺにおいても事前配布が望ましい」として、防災指針の見直しと一般用医薬品への変更を求める要望書を規制委に提出している。

ところで防災指針とガイドラインでは、ＵＰＺでの事前配布を認める例外規定がある。少し長いが、そのまま引用したい。

> ＰＡＺ内と同様に予防的な即時避難を実施する可能性のある地域、避難の際に学校や公民館等の配布場所で安定ヨウ素剤を受け取ることが困難と想定される地域等においては、地方公共団体が安定ヨウ素剤の事前配布を必要と判断する場合は、前述のＰＡＺ内の住民

に事前配布する手順を採用して、行うことができる。

原発周辺を通らなければ避難できない半島や離島など、地理的に緊急時配布が難しい場合には事前配布を認めている。東北電力女川原発（宮城県女川町・石巻市）のある牡鹿半島の先端部や周辺の離島、関西電力高浜原発に近い大浦半島（京都府舞鶴市）では、UPZにもかかわらず「準PAZ」として事前配布が行われており、購入費用も全額が交付金で賄われている。

ところで、この例外規定には「地域等」と記載されている。この「等」が何を指しているのか、それ以上の具体的な説明はない。これを逆手に取って、中国電力島根原発（島根県松江市）の三〇キロ圏内にある島根県と鳥取県、九州電力川内原発（鹿児島県薩摩川内市）の三〇キロ圏内にある鹿児島県、そして九州電力玄海原発（佐賀県玄海町）の三〇キロ圏内にある佐賀県と福岡県の計五県は、避難途中での緊急時配布が難しいと考えられる障害者や高齢者が家族にいる人などにまで、事前配布の対象を広げた。「等」の一文字を人的要件に拡大解釈したのである。

五県に問い合わせると、実際には事前に受け取りたい希望者全員に配布しており、事実上、障害者や高齢者の家族に限定していない。つまりただの事前配布の拡大だ。泉田元知事のように防災指針の見直しを求める「本道」ではなく、「裏道」を通って事前配布を実現した格好だった。

小泉進次郎氏が投じた一石

二〇二〇年二月、ヨウ素剤の事前配布をめぐって興味深い動きがあった。一石を投じたのは、小泉進次郎・環境相兼原子力防災担当相だった。

関係者によると、小泉氏は二〇一九年九月に就任した当初から、「なぜUPZは事前配布ができないのか?」と周囲に疑問を投げかけていた。就任から一カ月後には、島根原発での原子力総合防災訓練に先立ち、UPZでの事前配布を実施している鳥取、島根の両県を訪問し、「こんな方法があるなら進めよう」と内閣府原子力防災担当に検討を指示した。

二〇二〇年二月四日、小泉氏は閣議後の記者会見でUPZでの事前配布を進める方針を表明した。内閣府原子力防災担当は前日、原発のUPZや研究炉、核関連施設がある関係道府県に対して、「緊急配布による安定ヨウ素剤の受取の負担を考慮すると、事前配布によって避難等が一層円滑になると想定されるUPZ内住民への事前配布が実施可能」とする事務連絡（通達）を送っている。ここには、事前配布の拡大が規制委のガイドラインに照らして問題がないことは規制庁に確認済みである旨が付記されていた。つまり防災指針やガイドラインを見直す意図はなく、「裏道」を利用する考え方を示唆していた。

記者会見で質問を受け、小泉氏は以下のように意義を強調している。

「安定ヨウ素剤というのは万が一のときに飲むタイミングが重要。しかし、あの福島の複合災害のときのことを思い返せば、果たして、そういう万が一のときに、本当にタイミングを、ここだというときに飲んでいただけるような提供体制が果たして整っているのだろうかということも含めて問題意識を持っていたので、今回事前配布ということで、万が一のときに自ら飲んでいただけるような、そういうことに向けての前向きな一歩が進んだというのは、私は良かったと思いますし、関係の方々、厚生労働省とかとの調整もありましたから、そういったことも前に進んだことは関係者の皆さんに私からも感謝したいと思います。あとはもちろん、使わないことが一番ですから、決して安全神話に陥ることなく、福島の教訓を決して忘れることなく取り組み、また、避難計画作りなども自治体と共にやっていきたいと思います」

小泉氏の直截な物言いは、ＵＰＺの緊急時配布を原則と定めている防災指針への疑問と受け止められた。

規制委の更田豊志委員長は翌五日の定例記者会見で、「（小泉）大臣の要望、発言というのも現行の原子力災害対策指針の枠の中のものなので、これを受けて規制委員会が何か議論するというようなものではない。緊急時配布というやり方が否定されるものではない」とクギを刺した。

小泉進次郎氏

さらに、菅義偉官房長官も六日の記者会見でこの問題に言及。通達に沿って「事前配布によって避難等が一層円滑になると想定されるＵＰＺ内住民」が対象であることを強調し、防災指針を否定する意図がないと示唆した。おそらくは小泉氏のフォローが本意だったのだろう。

すると、小泉氏は七日の定例記者会見で再びこの問題に言及した。自治体に送った通達を含む全一〇枚の資料を報道陣に配布したうえで、こう「釈明」している。

「安全神話に囚われてはいけないというのが、我々が福島の教訓から学ばなければいけないことで、万が一に備えた取り組みを一段と進められないかと、私自身思いを持ってきた。そして、内閣府に検討を指示し、厚労省や規制庁とも議論を重ねてきた。現在の指針などの枠組みの中で、万が一の際に、確実に住民にヨウ素剤を手渡す体制を充実できるようにしていくわけです。更田委員長のご発言もありましたが、緊急時の配布を否定しているわけではない」

最も伝えたかったのは「現在の指針などの枠組みの中で」という文言だったろう。今後の進め方について、小泉氏は「今後、内閣府で関係道府県へのヒアリングを行ったうえで、新たに事前配布を実施する自治体は準備が整い次第実施していただく」と話した。市町村ではなく道府県を対象としたのは、購入費用を賄う交付金の支払い対象が道府県になっているためだった。

小泉氏の発言通りであれば、手を挙げれば簡単に事前配布を実現できる。希望する自治体は殺到するだろう――この問題について一定程度知っている人の多くがそう考えたはずだ。しかし、それから一年半近く経っても、新たに事前配布の実施を表明する自治体はなく、小泉氏が三度この問題に言及することもなかった。新型コロナウイルスの感染拡大と時期が重なったとはいえ、不可解な沈黙が続いていた。

開示されたヒアリング結果

その後、内閣府による道府県へのヒアリング結果は明らかにされておらず、実施したかも定かではなかった。だが、さすがに担当大臣が言及したヒアリングを実施しなかったことは考えにくい。

安定ヨウ素剤については、道府県では防災・原子力ではなく、医務・薬務の部局が担当している。いくつかの県の薬務課に問い合わせたところ、内閣府が二〇二〇年三月に文書で照会した後、テレビ会議などでヒアリングを実施していたことをつかんだ。

二〇二一年六月、この意向確認調査の資料を内閣府原子力防災担当に情報公開請求した。開示決定期限の延長を経て、実際に開示されるまでに二カ月かかった。その間、道府県やＵＰＺ内の市町村への問い合わせ取材を並行して進めた。

その際、二〇二〇年一〇〜一二月に「毎日新聞」科学環境部が東京大学大学院情報学環総合防災情報研究センターと協力して、原発の三〇キロ圏内の自治体に実施したアンケート調査が、貴重な参考資料になった。ヨウ素剤の事前配布に関する設問も含まれており、自治体の意向を一定程度把握できたためだ。

興味深く感じたのは、「安定ヨウ素剤について困っていること」を尋ねる設問で、茨城県が「UPZで事前配布の要望がある」と答えていたことだ。事前配布を求める市町村があることがなぜ「困る」のだろうか。

茨城県議会の議事録に関係する答弁を見つけた。小泉氏の記者会見から一〇カ月後の二〇二〇年一二月四日の保健福祉医療常任委員会で、UPZ内での事前配布を求める県議の質問に対して、茨城県の薬務課長は「本県のUPZの住民は八八万人（PAZと合わせて九四万人）と全国最多ということになっておりますので、昨年度、国（内閣府）に対して、UPZ内の住民に事前配布できるか照会いたしましたが、対象人口が多いだけでは認められないという回答をいただいているところでございます」と答えていた。事前配布ができないのは、茨城県の意向ではなく、内閣府が認めないからだと言っている。これは本当だろうか。

二〇二一年六月上旬、茨城県薬務課の担当者に直接問い合わせた。私が一年にわたり、しつこく東海第二原発の避難計画を追及してきた影響だろう。担当者は露骨に警戒感を示してまともに答えなかった。

——内閣府の照会に対してどのように答えたのでしょうか？

「ＰＡＺ内の配布に力を入れていて、要支援者などへの配布についてはまだ検討できていません」

——今回のヒアリングはＵＰＺ内での事前配布の拡大に対する意向確認が目的です。それについてはどう答えたのでしょうか？

「えーと、その全体の人口が多いから……、事前配布の対象になるかどうか……、茨城県の状況だと、あのー、全戸配布の対象にならないということで……」

——ＵＰＺ内での事前配布は希望しないと答えたのでしょうか？

「今のところＰＡＺ内の配布に力を入れるということでお答えしています」

——ひたちなか市は交付金で事前配布をしたいと希望していますね？　茨城県はこれを後押ししていないのでしょうか？

「それは……。一つ聞くように言われているのですが、いつ記事になりますか？」

——それは分かりません。

「（大井川和彦）知事の記者会見でも質問していましたよね？　茨城県特集ですか？」

二〇二一年八月中旬、内閣府の照会に対する一九道府県の回答が開示された。事前配布を進める意向があると回答したのは、新潟と福井の二県だけだった。

進めたい理由について、新潟県は「本県のUPZ内には特別豪雪地帯として指定されている地区が多く、冬季は避難に時間を要するケースが想定されるため」と答えていた。防災指針の例外規定にある地理的要件に該当すると主張するもので、泉田知事時代に掲げていた防災指針の見直し要求を事実上撤回し、現行の指針に従う意向を示す趣旨と考えられた。

福井県は「市町からの意向が上がっており検討している。ただし、実施内容の統一性が必要で、市町との調整を行う必要がある」と答えている。市町によって要望内容に差があるのだろう。

一方、事前配布を希望するUPZ内の市町があるにもかかわらず、「現段階で進める予定はない」と答えたのが、宮城、茨城、静岡、愛媛の四県だった。

理由について、宮城、茨城の両県は「PAZでの配布率を上げたいから」としていたが、これまでの取材を踏まえると、とても本心とは思えない。また、宮城県は「南三陸（みなみさんりくちょう）町が事前配布を希望している」と答えているが、「毎日新聞」のアンケートには事前配布を希望する市町村が「ない」と答えている。これは単純なミスとは思えない。

静岡県はUPZ内一〇市町の意向をまとめた一覧表（牧之原市など四市が事前配布を希望）を回答に添付し、「内閣府の通達は『事前配布によって避難等が一層円滑になると想定されるUPZ内住民への事前配布が実施可能』と示しているが、その要件に該当する住民・地域が存在するのか判断するための国の基準が不明だ。個別の判断となるなら、新たな配布を希望している各市について、購入費が国庫補助（交付金）の対象になるか示してほしい」と、内閣府に突き返していた。今回の通達で書き加えられた「事前配布によって避難等が一層円滑になると想定されるUPZ内住民」という文言だけでは、事前配布を拡大する根拠として不十分だと言いたいのだろう。

避難計画とヨウ素剤の関係

東北電力女川原発の緊急時対応（避難計画）が、国の原子力防災会議で了承されたのは、新型コロナウイルスの感染拡大が続く二〇二〇年六月二二日のことだった。同原発三〇キロ圏の人口は約一九万九〇〇〇人で、東海第二原発や浜岡原発に比べるとさほど多くはないが、女川原発は太平洋に突き出た牡鹿半島の中間にあり、海岸線のすぐ側まで山が迫るリアス式海岸の地形も相まって、避難計画の実効性が問われてきた。

宮城県南三陸町は町の南側がUPZに含まれており、以前からヨウ素剤の事前配布を県に求めていた。二〇一五年八月に策定した避難計画でも「事前配布に係る課題等の調整を終え、実際に事前配布を行うこととした場合にあっては、必要に応じた内容により、この計画に修正を行う」と記載している。

南三陸町によると、避難先とされる西側へ抜ける道路が少なく、地震などで道路が塞がった場合に緊急時配布ができない恐れがあるため、県に事前配布を求めているという。

前述したように、女川原発の避難計画では、UPZ内の牡鹿半島の先端部や周辺の離島を「準PAZ」と位置づけ、住民にヨウ素剤を事前配布している。一方で、準PAZのように地理的条件を理由に事前配布を求める南三陸町は、検討さえせずに無視するというのは、どうにも合点がいかない。「PAZ内の配布が進んでいない」という、県がUPZ内の事前配布を求めない理由はこじつけにしか思えない。それ以外に書ける理由がなかったのだろう。

女川原発の避難計画に関する公表資料をあさっていると、宮城県のホームページで興味深い調査報告書を見つけた。

　宮城県は二〇二〇年五月、国の原子力防災会議で女川原発の避難計画が了承される直前、「原子力災害時避難経路阻害要因調査結果」（概要版）を公表した。内容はシミュレーションによる避難時間の推計だった。

　防災指針では、まずPAZ内の住民が避難を開始し、UPZ内の住民はその間、屋内退避する「二段階方式」を定めている。

　内閣府原子力防災担当が二〇一六年四月に公表した「原子力災害を想定した避難時間推計基本的な考え方と手順　ガイダンス」は、人口や自動車台数、避難手段や道路などデータをもとに、避難時間を推計するシミュレーションの手順を自治体向けに示している。避難時間を推計するうえで、要諦とも言えるのがUPZの自主避難率だ。簡単に言うと、屋内退避の指示を守らず、「勝手に」避難を開始する人の割合で、これが高くなるほど、交通渋滞が深刻になり、全体として避難時間が長引くとされる。

　宮城県の調査結果によると、UPZ内の自主避難率を〇パーセントに設定すると過度な混雑は見られず、避難対象者である一般住民の九割が避難完了となる避難時間は、女川町（PAZ）で三時間四〇分と推計している。一方、自主避難率を四〇パーセントに設定すると渋滞が発生し、避難時間が一二時間一〇分に延びると推計していた。この対策として、屋内退避の重要性と自主避難の悪影響について周知・啓発を行う方針を示している。だが、国の指示を待たずに避難することは、絶対に控えなければならないほどの禁忌(タブー)なのだろうか。

フクシマを思い返せば、役所の指示が信頼できないと考えるのは至極当然だ。そもそも屋内退避の指示を守って、「無用な被曝」を受け入れなければいけない筋合いはない。「勝手に逃げるな」と言われて従う道理は見えない。

UPZ内での事前配布をめぐる隠微な意思決定過程からは、避難計画をめぐる不条理が垣間見える。繰り返すが、防災指針において、避難開始とヨウ素剤の配布は「ワンセット」になっているため、UPZ内での事前配布は、事故後まずは屋内退避するという「二段階方式」と論理的に矛盾する。どう考えても、あらかじめ配っておくほうが合理的なのだが、配ってしまえば、避難とワンセットである以上、「なぜ屋内退避をしなければいけないのか」という疑問を突きつけられてしまう。防災指針が示す「二段階方式」という空虚な枠組みとの論理的な矛盾を明るみに出したくないだけに思える。

結局のところ、避難計画とはすべてにおいて、字面上の辻褄を合わせることに汲々としているだけだ。

「裏道」の利用拡大を図った理由

関係者によると、小泉氏は当初から防災指針の改定まで考えておらず、UPZ内における事前配布を認める例外規定を拡大解釈する、いわば「裏道」の利用拡大を事務方に指示していたという。

小泉氏は記者会見で厚労省と事前に調整したことを明らかにしている。医薬品医療機器等法に基づき、ドラッグストアなどで医師の関与がなくとも購入できる「一般用医薬品」に変更する方向でも検討したとみられる。

確かに、これなら防災指針を改定せずとも、住民が簡単にヨウ素剤を入手できるようになる。だが、関係者によると、厚労省から難色を示され、一般用医薬品への変更は実現しなかったという。一方、厚労省は取材に対して、「内閣府原子力防災担当から安定ヨウ素剤の配布方法について相談はあったが、一般用医薬品への変更に関する相談を受けた記録はない」と答えた。

二〇二一年九月に入り、新型コロナウイルス対策をめぐって国民の支持を失っていた菅義偉首相が退陣の意向を明らかにした。小泉氏が原子力防災担当相を退任する前に直接問い質さなければならない。九月二一日、環境省で行われた定例の記者会見に出席し、質問した。

――昨年二月にヨウ素剤の事前配布を推進する意向を表明してから一年半が過ぎましたが、今のところ手を挙げた自治体がありません。どのように評価していますか？

「私としては、避難の実効性、国民、地域の皆さんの命を守るうえで、自治体の判断で事前配布を可能とする必要があるとの思いで、そのような自治体の対応が可能となるようにしました。その後、いろんな調整をしているところもあると聞いています」

――言葉は悪いですが、このやり方は「抜け道」「裏技」みたいなものなのだと思います。防災指針の改定を併せて求めていくということは考えなかったのでしょうか？

「まず大事なことは、福島原発事故の経験を踏まえ、あれだけの複合災害のときに、本当に必要な方の手元に届けることができるだろうかという問題意識です。そのとき、少しでも現場の柔軟な対応で守られるべき命を守りたい。だったら、事前配布をやりたいという自治体があれば、より柔軟に可能にすべきではないかという判断です。そんな第一歩ということで、（事前配布を行う）自治体が出てくるよう、しっかり後押しをしたい思いです」

――新型コロナの感染拡大直前という状況もありましたが、議論が低調というよりも、議論が起きなかったことをどう思いますか？

「私は基本的に政治、特に中央政府がガチガチに決めて、その通りにやらなければいけないという行政のあり方を志向するタイプではない。地方は独自に、より柔軟な発想と、意欲的な取り組みを（できるように）、国はもっと応援しないといけない。ですから、私としては、事前配布をやることで守れる命があるのではないかという自治体があれば、国が『いや一律だからダメです』というのではなく、可能とする対応をするのがいいじゃないかと」

発表した直後、更田委員長からクギを刺され、菅官房長官からフォローまでされてしまった。さらに新型コロナウイルスの感染拡大という事態もあったが、国民の間で議論が起きなかったのだから、政治的な仕掛けとしては失敗だったと言わざるを得ない。自らの発信力を過信したのかもしれない。

そもそも防災指針を改め、ＵＰＺ内の事前配布を認めることは、地方自治体を一律に縛ることにはならない。むしろ緊急時配布の呪縛から解き放つことになるだろう。担当大臣が「裏道」を自治体に勧めるほうがよっぽど格好悪い。

もし、ヨウ素剤の事前配布を認めてしまえば、避難計画が成り立たないというのであれば、規制委に防災指針の見直しも併せて求めていくのが筋だろう。そんなことをすれば原発再稼働が困難になるというのであれば、避難計画はいったい何のために作るのだろうか、何のためにヨウ素剤を配るのだろうか。

小泉氏ほど人気の高い政治家でも、本質に切り込むことができないのか。あまりに大きすぎる原発の虚構（フィクション）にまた直面して、ため息しか出てこなかった。

この記者会見の翌日、新潟県が二〇二二年度からＵＰＺ内でのヨウ素剤の事前配布を始める方針を発表した。

エピローグ

二〇二二年三月一〇日と一一日、本書で扱った安全規制と避難計画に関係する二つの動きがあった。

一〇日午後三時、福井県や近畿、東海地域の住民九人が、基準不適合の状態にある関西電力高浜原発三、四号機の運転停止を規制委に求めた行政訴訟（通称・バックフィット訴訟）の判決が名古屋地裁で言い渡された。

「読み上げは省略します。主文、請求をいずれも棄却する」

新型コロナウイルスの感染予防のため、傍聴者は通常時の半分にあたる約三〇人に制限されていた。壇上の中央に座る日置（ひおき）朋弘裁判長は原告敗訴の判決を言い渡すと、足早に法廷を後にした。その後ろ姿に向かって、傍聴席から「何だ、その判決は！」「読み上げるぐらいしろ！」と怒声が上がった。

近くの会館で行われた記者会見で、原告側の弁護士たちは一様に複雑な表情を見せていた。

「却下」ではなく「棄却」ということは、高浜原発のある福井県内から近畿、中京圏まで点在する原告全員の原告適格、つまり高浜原発で事故が起きれば広範囲で損害を被る「被害者」と認められたことになる。「門前払い」は免れたが、肝心の中身はよろしくない。フクシマの反省から導入された「バックフィット命令」について、概ね以下のように述べている。

バックフィット命令の発出の要否並びにその時期及び内容等については、各専門分野の学識経験者等を擁する原子力規制委員会の科学的、専門技術的知見に基づく裁量判断に委ねられるものというべきである。原告らは使用（運転）停止を原則とすることが立法者の意思であると主張し、細野豪志環境相の発言等を摘示するが、原則として使用停止を命ずるものとはいえず、ほかに原告らが主張するような立法者意思を認めるべき的確な証拠は見当たらないから、バックフィット命令について使用停止を原則とすることが立法者意思とはいえない。

基準不適合の状態にある原発の運転を停めることが原則と言えず、専門家である規制委の裁量に委ねられるというのだ。だが、規制当局の裁量に任せた結果、あの事故が起きたのではな

2022年３月10日、バックフィット訴訟判決後の記者会見

いか。あの秘密会議の録音を聴けば、規制委が科学的知見に基づき判断しているとは誰も思うまい。裁判所は現実を直視せず、空虚な権威に囚われている。

　青木秀樹弁護団長は「自然現象には不確実性が大きく、常に想定外の災害が起こり得ることを踏まえて、万が一にも深刻な災害が起こらないようにするというのが、福島事故の教訓だったはず。基準不適合の場合に、原発の使用を停止させたうえで安全審査するのが原則だったのに、事実を歪め、バックフィット制度の趣旨を矮小化して、実質的に（事故前の）バックチェックと変わらないものであるかのような裁判所の判断には憤りを禁じ得ない」と、判決を批判する声明を読み上げた。

声明の趣旨には賛同するが、一つだけ違和感を覚えた文言がある。フクシマ後、役所が規制のあり方を根本的に変えるつもりがあったとは思えない。「基準不適合の原発を停めるのは立法者の意思ではない」という判決の指摘はその通りなのではないか。役所は最初から運転を停めるつもりなどなかったのだ。結局のところ、フクシマの反省や教訓など反映されておらず、フクシマ以前と何一つ変わっていない。再稼働を進めるため、さも一新したかのように装い、国民を欺いただけだ。

あの事故から一一年を迎えた三月一一日、東京都と埼玉県内で国家公務員住宅の空き部屋を「みなし仮設住宅」として提供された自主避難者（区域外避難者）一一人が、福島県を相手取り一人一〇〇万円の慰謝料を求めて東京地裁に提訴した。

福島第一原発事故の発生直後、避難先の自治体がマンションやアパートなどの空き部屋を借り上げた「みなし仮設住宅」が自主避難者にも提供された。「安全神話」に囚われ、原発避難など想定されていなかったため、自然災害を想定した災害救助法に基づく緊急的な措置だった。だが、この国の政府はその後、原発災害に合わせて避難者に住宅を保障する法制度を整備することなく、二〇一七年三月末をもって自主避難者への無償提供を終了した。

その後二年間、「セーフティネット契約」と称する有償の猶予期間を経て、二〇一九年三月末までに退去を求められた。原告たち（一人を除く）は退去を拒み、現在も「みなし仮設住宅」に住み続けている。福島県は彼らを「不法占拠者」とみなし、「退去しなければ家賃の二倍の損害金を支払え」と催促を繰り返してきたという。原告たちは口々に「福島県の職員は両親にまで連絡して退去を迫ってきた」「冷酷な行政の対応で妻は精神的に参ってしまった」と、怒りや悔しさを訴えた。

みなし仮設住宅があるのは東京や埼玉なのに、福島県が退去を求めるのは、災害救助法では被災地の県知事が救助を担うと規定されているからだろう。どう考えても原発避難の実態にそぐわない。原告代理人の柳原敏夫弁護士は「国の所有する住宅で、事故直後に借り上げて提供したのは東京都と埼玉県なのに、福島県がしゃしゃり出てきた。入居時は合法なのに、いつから不法占拠になったのかも分からない。誰がどう決めたかも分からない。キツネにつままれたような話だ」と話した。

フクシマ以後、原発周辺の自治体は避難計画の策定を進めている。本書では日本原子力発電東海第二原発を題材に、体育館の面積から機械的に出した避難所の収容人数をもとに、人口に合わせた避難先を割り振るだけという策定の実態を暴いてきた。茨城県の大井川和彦知事や担当者たちは「マンションやアパートを借り上げた『みなし仮設住宅』の提供を急ぎたい」と強調しているが、それなら体育館の面積よりも空き部屋の数に応じて避難先を決めるべきだろう。
次に原発事故が起きたとき、どうなるか想像してみたらいい。こんな杜撰な避難計画を理由に、三〇キロ圏外の住民はおろか、五〜三〇キロ圏内の住民も避難することさえ許されず、住宅の提供を受けられない恐れが強い。

この取材を経て分かったことがある。原発再稼働を後押しするだけの避難計画など作らないほうがマシだ。原発行政につきまとう大きなウソに騙されてはいけない。思考停止した傍観者になることなく、そこにウソがないのか、疑い続けなければならない。大きなウソほど見抜くのが難しい。

補遺　広瀬弘忠氏インタビュー

フクシマ後も変わらない原発行政の虚構

広瀬弘忠（ひろせ　ひろただ）

一九四二年生まれ。東京大学文学部卒。東京大学新聞研究所助手を経て東京女子大学教授。二〇一一年に定年退職して現在は東京女子大学名誉教授。専門は災害リスク学。株式会社安全・安心研究センター代表取締役。著書に『巨大災害の世紀を生き抜く』『人はなぜ逃げおくれるのか――災害の心理学』（いずれも集英社新書）など。

広瀬弘忠さんは災害時の住民心理の専門家で、フクシマ後は鹿児島県（九州電力川内原発）、静岡県（中部電力浜岡原発）、新潟県（東京電力柏崎刈羽原発）で住民へのアンケート調査を実施。原発避難計画の虚構性を一貫して指摘している。今回の避難計画をめぐる調査報道では、一年間にわたって粘り強く伴走してもらい、専門的視点から貴重な助言をもらった。

今回の調査報道で取り上げた日本原子力発電東海第二原発の避難計画を入り口に、フクシマの反省や教訓の形骸化から、数字やロジックの辻褄合わせに終始する役人たちの習性まで、フクシマ後も変わらない原発行政の虚構について語ってもらった。

避難計画の虚構性

――一年間にわたる伴走、ありがとうございました。

「今回の報道には本当に驚きました。これは原発避難計画をめぐる新たな指摘です。今までは避難経路とか高齢者や病院など、どう避難させるかの方法にだけ焦点が当てられてきました。だが、避難させた後はどうなっているのかと言えば、実は避難場所にスペースがなく、ロジスティックスも杜撰でめちゃくちゃな状態だった。実効性の有無どころか、「絵に描いた餅」「机上の空論」でさえない、形ばかりで、中身のない実態を示した報道でしょう。分かりやすくて痛いところを突いている。しかも地道に証拠を積み重ねているから役所は逃げ隠れができない」

――それでも、避難所不足がバレると、役所の担当者たちは一様に「住民全員が逃げるわけではない」と開き直りました。

「確かに、これまでの住民アンケート調査を見ると、『避難しない』と答えた人も結構います。

ただそういう人がいるからキャパ（避難所）が少なくてもいいのかというと、そうではない。福島第一原発事故みたいに、最終的にはいや応なく避難しなければならない事態になり得る。全住民を受け入れる避難所を確保しておくのは、行政として最低限の前提です。さらに言えば、災害避難の現実ではキャパギリギリは機能しない。収容人数の九〇パーセントが埋まるような計画では一〇〇パーセントを超えているのと同じです。十分な余裕を持った計画でなければいけない」

広瀬弘忠東京女子大学名誉教授

――県議会での指摘を受けて、茨城県が二〇一八年に実施した避難所面積の再調査では、トイレや玄関などの非居住スペースを除いた数字を出すよう市町村に指示しておきながら、自分たちは非居住スペースを含む総面積の数字に書き換えたりしています。杜撰を通り越して、本気で過大算定を改めるつもりなどなく、形ばかりの計画で良いからとにかく作ってしまえ、と考えているとしか思えません。

「杜撰というのは怠慢ゆえのうっかりミスですが、過大算定になると知りつつ意図的に数字を書き換えているなど、ある意味では確信犯的なところがある。策定プロセスを公表しておらず、途中で修正する復元力が働かなかったことは大きな問題です。避難者全員を収容できないことが明らかになると計画自体が瓦解しかねないため、隠して数字を書き換えたのでしょう」

――実効性の有無以前の問題ですね。これでは検証などまったくできない。

「そうです。避難計画がなければ再稼働が認められないということになったので、作っていますが、どう作っても実現不可能な避難計画になる。だから机上の空論、絵に描いた餅と同じです。骨抜きよりもっと悪質で、官僚の作文によって実効性を虚偽的に作り出している。避難計画には実効性がありますよと安心材料を県民に提供しているつもりでしょう。根拠となるデータを国も県も隠すとなると、まったく検証ができない。安倍政権で相次いだ公文書スキャンダルと同根です。旧日本軍の役人たちが鉛筆をなめて勝手に戦果を水増しし、損害を小さく見せたような話です」

避難計画と再稼働

――役所は「核燃料がある限りは危険がある」という論法で、避難計画が再稼働とは無関係であるかのように装っています。しかし再稼働すればリスクは格段に増します。極端なことを言えば、再稼働しなければ良いだけなのですが、そう指摘されないよう装っているように見えます。

「確かに稼働していなくても事故は起きますが、運転しているとリスクは格段に大きくなる。それは言わずに、『核燃料があるから避難計画に協力してください』と迫られると、避難先の自治体や住民は『それならいいよ』と受け入れざるを得ない。そうすると、原発を再稼働するときに反対したとしても、『避難計画を受け入れただろ』と反論を受けてしまう。こうした詐欺的な手法を『フット・イン・ザ・ドア』と言います。何かを売りつけるときに、ドアをノックして、開いた瞬間に足先だけ差し込んで、断れない状態にしてしまう。避難計画は再稼働するための方便ですよね」

――役所は避難計画が再稼働の前提であることを再稼働寸前まで隠しています。

「再稼働ありきではない、安全第一だと彼らは言います。避難計画の確実性、安全性、実効性がちゃんと担保されてから再稼働に進むのが本来のあり方のはずです。ところが実際は逆です。

まず再稼働したいという強い欲求だけがあって、それを実現するためにいろいろごまかしたり、隠したりしながらデタラメな避難計画を作って最後になるべく簡単にすり抜けるというやり方です。どう考えても実効性のある避難計画ができるわけがないけれど、できるように装うことはできるから、非常に危ういと思います。騙し方が極めてうまいですよね。微妙なところは後出しにして再稼働まで持っていく。問題はそこまでして原発を動かす必然性があるのかということですが、あまりにすべてがウソだらけだから、かえってウソを指摘しにくい」

——デタラメなのは東海第二原発だけでしょうか？

「いや、どこも同じようにデタラメだと思います。避難計画も自治体が作る原子力防災計画も、どこも同じ金太郎飴で、道路の名前や施設の名前を変えているだけです。これは内閣府がテンプレートを作って道府県に下ろしたものがそのまま使われているからです。どこの避難計画も作り方は同じです。避難所がこのくらいあって、収容人数のキャパがこのぐらいだから、三〇キロ圏内の人口のうちこのぐらいを収容できるとして各自治体に割り振る。パズルを当てはめるような形式的なやり方ですね。しかも、今回の報道が示したように実際には使えないスペースまで入れているとなれば、最初から本気で避難計画を作るつもりはなく、再稼働を進めるためのめくらましということでしょう」

フクシマの反省は？

——内閣府から開示された非公開会議の議事録で、規制庁（内閣府）の担当者が、自治体が楽に避難計画を策定できるよう、事故時の想定を引き下げたとも受け取れる発言をしています。その結果、UPZ（五〜三〇キロ圏内）全域の避難は考えられないから、避難所の融通もできると、自治体に説明しています。

「一番簡単で経済的なやり方は三〇キロ圏内一律避難ですよ。『俺はどこに避難するのだろう？』と、住民が自分の避難先を知らないような計画が機能するはずがない。最悪のシナリオを想定するどころか、都合の良いシナリオしか想定していません。そもそも全村避難になった飯舘(いいたて)村は福島第一原発から四〇キロも離れているのに、なぜ防災対象範囲を三〇キロにしたのか理解できません。そこまで考えたら、避難先がなくなってしまう。だから、そんな事態は起きないことにしている。最初から破綻しているのに、なんとか辻褄を合わせて一応取り繕うだけの避難計画ということでしょう。これでは三〇キロより外側の人々には、『逃げるなら自己責任で』となりかねません」

——三〇キロより内側も全住民を避難させるつもりがない。これではフクシマの反省で防災対象範囲を三〇キロまで広げたとは言えない気がします。

「その通りですね。フクシマは例外としか見てないのでしょう。実際には福島第一原発事故はもっと大きな災害になった危険性があったと思うのですが、それすら今後は起きないことを前提に原子力防災行政を進めている。フクシマは想定外の大事故であって、想定できる事故はもっと小規模でマネジメント可能なものだと思い込んでいるだけです」

――事故に備える避難計画なのに、事故が起きない前提になっているのでは？

「そういうことです。形式的でも一応体裁だけ整えればいいという発想でしょう。避難計画が形ばかりでも実際に事故が起きなければ大丈夫だと思っている。そもそも事故が起きたときに必要になるのが避難計画なのに論理矛盾ですよね。事故なんて起きるはずがないからいいかげんなものでも大丈夫だなんて、わずか一〇年で事故が起きない前提に逆戻りしている」

――ヨウ素剤の事前配布もフィクションです。ＵＰＺは屋内退避するという「二段階避難」と論理的に矛盾するから配らないのでしょうが、事故が起きた後、集合場所で配布するなど誰が考えても非現実的です。

「国が屋内退避しろと指示しても多くの人は従わないでしょう。私のアンケート調査でも半分を超える人が自分の判断で避難すると答えています。ＵＰＺで事前に配りたくないのは、二段階避難ができるというフィクションを守りたいからでしょう。結局、彼らはフクシマの反省や教訓が邪魔でしかたないのでしょう。福島第一原発事故をまともに評価したら、再稼働なんてとんでもない、という結論になりますからね。肝心なところが隠されたまま、なぜか再稼働だけが進んでいく。日本の原子力行政は一言で言えば『非人道的』です」

原発とウソ

――広瀬先生は以前、東京電力が設置した有識者会議のメンバーだったことがあるそうですね？

「（原子炉内部の機器にひび割れを発見しながら公表しなかった）トラブル隠し問題（二〇〇二年）を受けて設置された原子力安全・品質保証会議の委員をしていたことがあります。なぜ東電が私を選んだのかは分かりませんが、米国のスリーマイル島原発事故（一九七九年）のころから私は原発に批判的だったので、取り込もうと考えたのかもしれません。委員になったことで原発の中を見る機会も多く、いろいろな内部的な報告も受けることができ、私にとっては貴重な経験になりました。最後まで東電のシンパにはならなかったわけですが（笑）」

――どのような仕事だったのでしょうか？

「トラブル隠し問題など東電は当時からさまざまな不祥事、不正を起こしていました。なぜこんな事態が起きるのか、という原因究明ですね。でも、これではダメだと思ってフクシマの数年前に辞任しました。会議は年に三、四回あるのですが、事務局があらかじめシナリオを作っていて、こういう資料で、こういう方向性で行きますと説明に来ます。各委員に説明して、会長や社長、原発所長の前で全体会議をするわけですが、私がシナリオとは違う意見を言うために、東電の担当者が困ってしまった。内側からの批判には限度があると感じました。一定範囲は許容されるのですが、それを超える批判はできないし、そうする人ははじき出す。東電だけではなく官庁もそうですが、だから意向に沿った有識者を選ぼうとするのでしょう」

――フクシマ後も原発行政が生まれ変わったようには思えません。

「あまりに巨大なシステムのため身動きが取れないのだと思います。東電の有識者会議の委員だった際に最も問題だと思ったのは、東電の技術者たちが、原子力安全・保安院など規制側よりも知識や技術を持っていると慢心していたことです。実際そうだと思うのですが、これでは根本的な変革はできません」

――東電だけではなく、規制する側も自らの「権威」を守ることに汲々としています。また、決して誤りを認めないようにしなければ原発を進められないと考えているようにも思えます。

危険なものを危険だと感づかせないように広報するという時点で、すでにウソが始まっています。

「そうですね。最近はよく『原発はゼロリスクではない』と宣伝されています。確かにその通りではあります。危険な放射性物質を使うというのも本当です。ところが、これが環境に漏れてもちゃんと防護対策が取られて、汚染が広がらないように規制しているから原発は安全という話になってしまっている。『ゼロリスクではない』が、いつの間にか『一〇〇パーセント安全』になっているわけですから、どこかでレトリックが破綻しているのですが、気づかれないよう工夫して国民の感情に訴えている。原発が生き残るには国民を欺くウソが不可欠です。結果として、社会を支えるモラルや民主主義が破壊される恐れがあることに気づくべきでしょう」

あとがき

「日野さんはもうフクシマの取材をしないのですか?」。この数年、失望まじりにしばしばそう聞かれる。国が幕引きを急ぐフクシマの被災者政策と、事故前に回帰する原発再稼働は同一線上にあるもので、私の中では無関係と考えていない。だが、そう答えても分かってもらえないことが多い。もちろん、私に対する個人的な質問に答えることが、この本を書き残す目的ではない。それでも、フクシマの教訓を闇に葬ることによって原発再稼働が進んでいる実態を調査報道で立証すれば、少しは分かってもらえるかもしれないと期待している。

大量の放射性物質が大地を汚染した原発事故、それでも止まらない原発政策による国民の被害とはいったい何だろう。「原発銀座」の福井県敦賀市で駐在記者をしていた二〇年前から考え続けてきたテーマだ。私の中では一定の結論が出ている。国民一人ひとりの意思を押しつぶさなければ国策は進められない。そして国策の暴走は民主主義を破壊していく。

役所は温情に満ちた抽象的なスローガンを前面に出し、冷酷な本質を覆い隠し続けている。

そのため、一人ひとりの被害の形はぼんやりと見えにくい。健康影響や故郷喪失をめぐって苦しむ被害者に寄りそう報道を一概に否定するものではないが、被害者を見つめるだけでは国策による被害を正確にとらえきれない。

国策の基盤となるのは官僚機構による膨大な情報の蓄積だ。情報の独占と言っても良い。国民には結論だけが伝えられ、外部からの検証を激しく拒絶している。自らの権威や権力を守るためだけではない。いくぶん好意的に表現するのであれば、国策の中核に秘められた矛盾や欺瞞が明るみに出ないよう、意思決定過程は隠さざるを得ないのだ。そんな国家の文法の前には、為政者の個人的な思想や私欲が反映される余地は乏しい。だから、そこには分かりやすい私利私欲にまみれた「悪人」の姿はなく、怒りをぶつけるべき対象も見えない。何よりも、自分自身が彼らと同じ立場になったとき、良心をもって抗える自信がある人がどれだけいようか。そんなジレンマを誰もが知っているからこそ、怒りをぶつけることにためらってしまう。

だからといって、小役人たちが支える「凡庸な悪」を見過ごして良いとは思えない。ウソにウソを積み重ねた先に民主主義の破壊、はては国家自体の破滅が待っていることは歴史が証明しているからだ。

私が意義を見出したのは、意思決定過程の解明を通じて温情的なスローガンの裏に潜む冷酷なテーゼを取り出し、民主主義の被害を立証する調査報道だ。「復興の加速化」と称して避難への予算、補償を強制的に打ち切り、事故処理から手を引く原発事故の被災者政策と、「安全最優先」の表看板を掲げて、ハリボテの規制と防災で民意を抑え込んで進める原発再稼働は同根であり、民主主義の破壊が確実に進行していることを報じてきた。これほどまでに巨大なウソの被害を暴く方法は調査報道しかない。青臭い物言いかもしれないが、今はこれが自分の使命だと感じている。

私は二〇二一年度末をもって二三年間勤めた毎日新聞社を退社した。自らの問題意識だけを頼みに、これからも調べて書き続けたいという内なる欲求に抗えなかった。だいぶ前からこのような日が来ることを予想していた。先々への不安はあっても、辞めることに迷いはなく、感傷的な気持ちにはならなかった。

国策と対峙する調査報道に必要なものは、プロフェッショナルとしての「狂気と執念」だけというのが私の持論だ。「狂気」は固定観念なく物事の本質を見抜く見識であり、「執念」は自らが確信した本質を追い求め続ける気力や体力だと考えている。だが、今になって振り返ると、私の拙い原稿を分かりやすく直してくれたデスク、成果の見通せない果てしない取材にも粘り強く付き合ってくれた同僚ら、多くの方々に支えられていたのだと感じる。この場を借りて謝意を伝えたい。

集英社新書編集部の伊藤直樹さんには、前著『除染と国家――21世紀最悪の公共事業』に続いて編集の労を取っていただいた。これまでとは環境ががらりと変わり、ジャーナリストとして生き続けられるのか不安を抱いていた中、このような本を著す機会をいただけたことに感謝したい。また、校閲の方々には、的確な修正をしていただいた。この場で感謝を申し上げたい。

なお、本書のメインテーマとなっている原発再稼働をめぐる調査報道については、二〇二二年六月に刊行した近著『調査報道記者――国策の闇を暴く仕事』(明石書店)でも概要を収録しており、記述は一部重複している。しかし近著は調査報道の意義と方法論が中心であり、再稼働の前提となる安全規制と避難計画の実相を暴いた調査報道の詳細について本書で書き記した。

参考文献

磯村健太郎・山口栄二『原発に挑んだ裁判官』朝日文庫、二〇一九年
上岡直見『原発避難計画の検証――このままでは、住民の安全は保障できない』合同出版、二〇一四年
上岡直見『原発避難はできるか』緑風出版、二〇二〇年
新藤宗幸『原子力規制委員会――独立・中立という幻想』岩波新書、二〇一七年
瀬畑源『公文書問題――日本の「闇」の核心』集英社新書、二〇一八年
瀬畑源『国家と記録――政府はなぜ公文書を隠すのか？』集英社新書、二〇一九年
高橋滋『先端技術の行政法理』岩波書店、一九九八年
高橋滋編著『福島原発事故と法政策――震災・原発事故からの復興に向けて』第一法規、二〇一六年
高橋滋・大塚直編『震災・原発事故と環境法』民事法研究会、二〇一三年
樋口英明『私が原発を止めた理由』旬報社、二〇二一年
日野行介『原発棄民――フクシマ5年後の真実』毎日新聞出版、二〇一六年
日野行介『除染と国家――21世紀最悪の公共事業』集英社新書、二〇一八年
日野行介『調査報道記者――国策の闇を暴く仕事』明石書店、二〇二二年
広瀬弘忠『巨大災害の世紀を生き抜く』集英社新書、二〇一一年
細見周『されど真実は執拗なり――伊方原発訴訟を闘った弁護士・藤田一良』岩波書店、二〇一六年
松岡俊二・師岡愼一・黒川哲志『原子力規制委員会の社会的評価――3つの基準と3つの要件』早稲田大

学ブックレット、二〇一三年
吉岡斉『原子力の社会史――その日本的展開』朝日選書、一九九九年

部扉・本文写真撮影／日野行介
目次扉・部扉デザイン／ＭＯＴＨＥＲ

日野行介（ひの こうすけ）

一九七五年生まれ。ジャーナリスト・作家。元毎日新聞記者。社会部や特別報道部で福島第一原発事故の被災者政策、原発再稼働をめぐる安全規制や避難計画の実相を暴く調査報道等に従事。『除染と国家　21世紀最悪の公共事業』（集英社新書）、『調査報道記者　国策の闇を暴く仕事』（明石書店）、『福島原発事故　県民健康管理調査の闇』『福島原発事故　被災者支援政策の欺瞞』（いずれも岩波新書）、『原発棄民　フクシマ5年後の真実』（毎日新聞出版）等著書多数。

原発再稼働　葬られた過酷事故の教訓

集英社新書一一二八A

二〇二二年八月二二日　第一刷発行

著者……日野行介

発行者……樋口尚也

発行所……株式会社集英社

東京都千代田区一ツ橋二-五-一〇　郵便番号一〇一-八〇五〇

電話　〇三-三二三〇-六三九一（編集部）
〇三-三二三〇-六〇八〇（読者係）
〇三-三二三〇-六三九三（販売部）書店専用

装幀……原 研哉

印刷所……大日本印刷株式会社　凸版印刷株式会社

製本所……加藤製本株式会社

定価はカバーに表示してあります。

ISBN 978-4-08-721228-0 C0231

Printed in Japan

a pilot of wisdom

集英社新書　好評既刊

政治・経済――A

- 「朝日新聞」問題　徳山喜雄
- 丸山眞男と田中角栄　「戦後民主主義」の逆襲　佐高信／早野透
- 英語化は愚民化　日本の国力が地に落ちる　施光恒
- 経済的徴兵制　布施祐仁
- 国家戦略特区の正体　外資に売られる日本　郭洋春
- 愛国と信仰の構造　全体主義はよみがえるのか　中島岳志／島薗進
- イスラームとの講和　文明の共存をめざして　内藤正典／中田考
- 「憲法改正」の真実　樋口陽一／小林節
- 世界を動かす巨人たち〈政治家編〉　池上彰
- 安倍官邸とテレビ　砂川浩慶
- 普天間・辺野古　歪められた二〇年　宮城大蔵／渡辺豪
- イランの野望　浮上する「シーア派大国」　鵜塚健
- 自民党と創価学会　佐高信
- 世界「最終」戦争論　近代の終焉を超えて　内田樹／姜尚中
- 日本会議　戦前回帰への情念　山崎雅弘
- 不平等をめぐる戦争　グローバル税制は可能か？　上村雄彦
- 中央銀行は持ちこたえられるか　河村小百合
- 近代天皇論――「神聖」か、「象徴」か　片山杜秀／島薗進
- 地方議会を再生する　相川俊英
- ビッグデータの支配とプライバシー危機　宮下紘
- スノーデン　日本への警告　エドワード・スノーデン／青木理 ほか
- 閉じてゆく帝国と逆説の21世紀経済　水野和夫
- 新・日米安保論　柳澤協二／伊勢﨑賢治／加藤朗
- 世界を動かす巨人たち〈経済人編〉　池上彰
- アジア辺境論　これが日本の生きる道　内田樹／姜尚中
- ナチスの「手口」と緊急事態条項　長谷部恭男／石田勇治
- 「在日」を生きる　ある詩人の闘争史　金時鐘／佐高信
- 改憲的護憲論　松竹伸幸
- 決断のとき――トモダチ作戦と涙の基金　小泉純一郎　取材・構成 常井健一
- 公文書問題　日本の「闇」の核心　瀬畑源
- 大統領を裁く国　アメリカ　矢部武
- 国体論　菊と星条旗　白井聡
- 広告が憲法を殺す日　本間龍／南部義典

a pilot of wisdom

よみがえる戦時体制 治安体制の歴史と現在　荻野富士夫
権力と新聞の大問題　望月衣塑子／マーティン・ファクラー
「改憲」の論点　木村草太／青井未帆 ほか
保守と大東亜戦争　中島岳志
富山は日本のスウェーデン　井手英策
スノーデン 監視大国 日本を語る　エドワード・スノーデン／国谷裕子 ほか
「働き方改革」の嘘　久原穏
国権と民権　佐高信／早野透
限界の現代史　内藤正典
除染と国家 21世紀最悪の公共事業　日野行介
安倍政治 100のファクトチェック　南彰／望月衣塑子
「通貨」の正体　浜矩子
隠された奴隷制　植村邦彦
未来への大分岐　マルクス・ガブリエル／マイケル・ハート／ポール・メイソン／斎藤幸平・編
「国連式」世界で戦う仕事術　滝澤三郎
国家と記録 政府はなぜ公文書を隠すのか？　瀬畑源
水道、再び公営化！ 欧州・水の闘いから日本が学ぶこと　岸本聡子

改訂版 著作権とは何か 文化と創造のゆくえ　福井健策
朝鮮半島と日本の未来　姜尚中
人新世の「資本論」　斎藤幸平
国対委員長　辻元清美
アフリカ 人類の未来を握る大陸　別府正一郎
〈全条項分析〉日米地位協定の真実　松竹伸幸
日本再生のための「プランB」　兪炳匡
新世界秩序と日本の未来　内田樹／姜尚中
世界大麻経済戦争　矢部武
中国共産党帝国とウイグル　橋爪大三郎／中田考
安倍晋三と菅直人　尾中香尚里
ジャーナリズムの役割は空気を壊すこと　森達也／望月衣塑子
代表制民主主義はなぜ失敗したのか　藤井達夫
会社ではネガティブな人を活かしなさい　友原章典
自衛隊海外派遣 隠された「戦地」の現実　布施祐仁
北朝鮮 拉致問題 極秘文書から見える真実　有田芳生
アフガニスタンの教訓 挑戦される国際秩序　山本忠通／内藤正典

集英社新書　好評既刊

社会——B

「イスラム国」はテロの元凶ではない　川上泰徳
日本人 失格　田村 淳
たとえ世界が終わっても その先の日本を生きる君たちへ　橋本 治
あなたの隣の放射能汚染ゴミ　まさのあつこ
マンションは日本人を幸せにするか　榊 淳司
敗者の想像力　加藤典洋
人間の居場所　田原 牧
いとも優雅な意地悪の教本　橋本 治
世界のタブー　阿門 禮
明治維新150年を考える ——「本と新聞の大学」講義録　一色 清／姜尚中 ほか
「富士そば」は、なぜアルバイトにボーナスを出すのか　丹 道夫
男と女の理不尽な愉しみ　林 真理子／壇 蜜
欲望する「ことば」「社会記号」とマーケティング　嶋 浩一郎／松井 剛
ぼくたちはこの国をこんなふうに愛することに決めた　高橋源一郎
ペンの力　浅田次郎／吉岡 忍
「東北のハワイ」は、なぜV字回復したのか スパリゾートハワイアンズの奇跡　清水一利
村の酒屋を復活させる 田沢ワイン村の挑戦　玉村豊男
デジタル・ポピュリズム 操作される世論と民主主義　福田直子
戦後と災後の間——溶融するメディアと社会　吉見俊哉
「定年後」はお寺が居場所　星野 哲
ルポ 漂流する民主主義　真鍋弘樹
ルポ ひきこもり未満　池上正樹
中国人のこころ「ことば」からみる思考と感覚　小野秀樹
わかりやすさの罠 池上流「知る力」の鍛え方　池上 彰
メディアは誰のものか ——「本と新聞の大学」講義録　一色 清／姜尚中 ほか
京大的アホがなぜ必要か　酒井 敏
天井のない監獄 ガザの声を聴け！　清田明宏
限界のタワーマンション　榊 淳司
日本人は「やめる練習」がたりてない　野本響子
俺たちはどう生きるか　大竹まこと
「他者」の起源 ノーベル賞作家のハーバード連続講演録　トニ・モリスン
言い訳 関東芸人はなぜM-1で勝てないのか　ナイツ 塙 宣之
自己検証・危険地報道　安田純平 ほか

a pilot of wisdom

都市は文化（アート）でよみがえる　大林剛郎
「言葉」が暴走する時代の処世術　太田光／山極寿一
性風俗シングルマザー　坂爪真吾
美意識の値段　山口桂
ストライキ2.0 ブラック企業と闘う武器　今野晴貴
香港デモ戦記　小川善照
ことばの危機 大学入試改革・教育政策を問う　東京大学文学部広報委員会・編
国家と移民 外国人労働者と日本の未来　鳥井一平
LGBTとハラスメント　神谷悠一／松岡宗嗣
変われ！ 東京 自由で、ゆるくて、閉じない都市　隈研吾／清野由美
東京裏返し 社会学的街歩きガイド　吉見俊哉
人に寄り添う防災　片田敏孝
プロパガンダ戦争 分断される世界とメディア　内藤正典
イミダス 現代の視点2021　イミダス編集部・編
中国法「依法治国」の公法と私法　小口彦太
福島が沈黙した日 原発事故と甲状腺被ばく　榊原崇仁
女性差別はどう作られてきたか　中村敏子

原子力の精神史――〈核〉と日本の現在地　山本昭宏
ヘイトスピーチと対抗報道　角南圭祐
世界の凋落を見つめて クロニクル2011-2020　四方田犬彦
「自由」の危機――息苦しさの正体　藤原辰史／内田樹 ほか
「非モテ」からはじめる男性学　西井開
妊娠・出産をめぐるスピリチュアリティ　橋迫瑞穂
マジョリティ男性にとってまっとうさとは何か　杉田俊介
書物と貨幣の五千年史　永田希
インド残酷物語 世界一たくましい民　池亀彩
シンプル思考　里崎智也
韓国カルチャー 隣人の素顔と現在　伊東順子
「それから」の大阪　スズキナオ
ドンキにはなぜペンギンがいるのか　谷頭和希
何が記者を殺すのか 大阪発ドキュメンタリーの現場から　斉加尚代
フィンランド 幸せのメソッド　堀内都喜子
私たちが声を上げるとき アメリカを変えた10の問い　和泉真澄／坂下史子 ほか
「黒い雨」訴訟　小山美砂

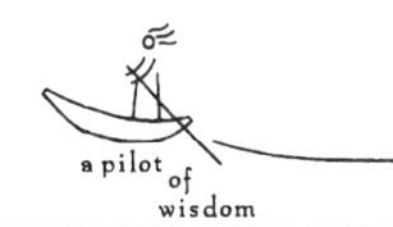

「天皇機関説」事件　山崎雅弘
列島縦断　「幻の名城」を訪ねて　山名美和子
大予言「歴史の尺度」が示す未来　吉見俊哉
十五歳の戦争　陸軍幼年学校「最後の生徒」　西村京太郎
物語　ウェールズ抗戦史　ケルトの民とアーサー王伝説　桜井俊彰
シリーズ〈本と日本史〉②　遣唐使と外交神話『吉備大臣入唐絵巻』を読む　小峯和明
テンプル騎士団　佐藤賢一
司馬江漢「江戸のダ・ヴィンチ」の型破り人生　池内了
写真で愉しむ　東京「水流」地形散歩　小林紀晴　監修・解説 今尾恵介
近現代日本史との対話【幕末・維新―戦前編】　成田龍一
近現代日本史との対話【戦中・戦後―現在編】　成田龍一
マラッカ海峡物語　重松伸司
アイヌ文化で読み解く「ゴールデンカムイ」　中川裕
始皇帝　中華統一の思想『キングダム』で解く中国大陸の謎　渡邉義浩
歴史戦と思想戦――歴史問題の読み解き方　山崎雅弘
証言　沖縄スパイ戦史　三上智恵
「慵斎叢話」15世紀朝鮮奇譚の世界　野崎充彦

江戸幕府の感染症対策　安藤優一郎
長州ファイブ　サムライたちの倫敦（ロンドン）　桜井俊彰
奈良で学ぶ　寺院建築入門　海野聡
江戸の宇宙論　池内了
大東亜共栄圏のクールジャパン　大塚英志
「米留組」と沖縄　米軍統治下のアメリカ留学　山里絹子
未完の敗戦　山崎雅弘
スコットランド全史「運命の石」とナショナリズム　桜井俊彰
駒澤大学仏教学部教授が語る　仏像鑑賞入門　村松哲文

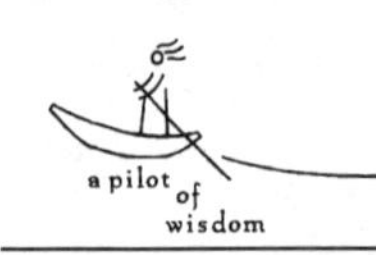
a pilot of wisdom